百萬粉絲追蹤，

Instagram 生活家私推好物提案書

戀家日常「愛用品」

野人

在忙碌的每日當中面對接踵而來的家事、享受全家聚在一起愉悅的用餐時間和得以歇息放鬆時光，一直伴隨著日常生活的便是這些愛用的生活道具了。

在這本書裡網羅了數十位在生活風格領域極受矚目的人氣instagramer，得以一窺他們在衣、食、居家長年愛用的生活用品，當中包含了經年累月養護的器具、蘊藏回憶的物件以及想世代傳承下去的用品等。在這些用品圍繞下而生活，彷彿能感受到滿滿的溫暖與慰藉。即使一開始並不完美的生活，隨著日復一日積累加入的物品進而讓生活點滴充實、進化，有一天定能享有萬物齊備、諧和平衡的生活。願這本書能化為生活提案參考，使人人都能藉由喜愛之物，打造出屬於自己舒適寫意的日常風景。

生活倡議編輯部

file.

01 只選擇喜愛的物品，量力而為，任憑想法自由發揮。

Profile.

Instagram
常態更新內容

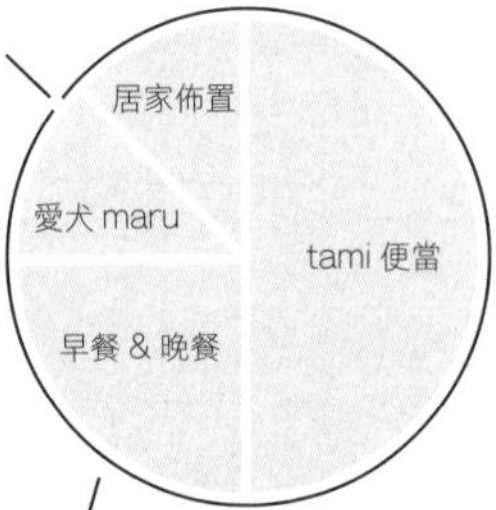

主要分享居家佈置和食事內容。我自己也時常瀏覽 instagram 作為靈感參考！

☐ **姓名**：tami

☐ **Instagram ID**：@ tami_73

☐ **居住地**：滋賀縣

☐ **家族成員**：2 人＋ 1 隻狗／老公、法國鬥牛犬

☐ **Instagram 使用資歷**：7 年

與小三歲的老公皮耶爾（純正日本人）和愛犬 maru 一同生活。一開始是上傳分享自製的 #tami 便當，進而紀錄生活周遭的風景而開始累積關注者。

在喜愛的物品包圍下那種「些許獨特感」令人格外珍惜

因為tami希望居住在平房屋子裡，於是將建了四十年的老舊民房自行翻修成現在的住家。tami表示「家中全是我自己非常喜愛的物品，又因為我個人有戀物癖，捨不得丟棄物品，導致家中物件有越來越多的態勢。」然而，隨著物品過多漸漸也難以維持空間舒適度，她似乎也正審慎思考，如何能在展現個人獨特個性的範圍內，盡可能地保留喜愛的物品。「在不過度壓抑物欲的前提下，我真的想擁有一點點奢侈的平衡，現在在這間屋子裡度過的時光都令我感到無比幸福。」

每天都會依據使用的方便性，變換屋內物品的擺設方式。

挑選物品的原則

RULE 1

珍惜
一見鍾情的
那種心動感

無論選購物品或是與人互動時，第一印象對我而言非常重要。對於渴望的人事物，是否能讓我產生怦然心動的感覺是一大重點。

RULE 2

即使一見鍾情，
仍應徹底評估
是否真的想要

即便心動，我還是會先冷靜下來思考是否真的需要它。有時反覆思索後，對於一直渴望的物品也會突然意識到並非必要而打消購買念頭。

RULE 3

不刻意壓抑物欲下
收集喜愛之物
並相信直覺

我個人有收集癖，基本上並不會過度壓抑物欲而收集喜歡的物品。高價的物品除外，有時候藉由一些心之所向的物品提升每天生活動力也是很重要的。

Food

食

色彩繽紛的 #tami 便當

創作便當是我現在每日的課題。活用功能性強大和省時的器具便能輕鬆料理。

杉木或檜木製的圓筒型便當盒能讓菜色即使冷了仍不失美味。隨著使用時間日益散發出獨特味道。

因為是每天都會使用的物品，更是收集的好理由

tami藉由在instagram上記錄自己每日創作的「#tami便當」而人氣竄升。由於做便當幾乎已成每日的例行公事，我盡可能地追求輕鬆料理和留意營養均衡性。基本上，多數時候都是活用週末預先備妥的菜餚。為了事先備料的事半功倍，tami非常注重料理用具的效率，廚房裡從省時省力的炊具到各種便當盒等一應俱全。「因為是每天都會用到的東西，只選用自己喜歡的用品格外重要。木製的圓筒型便當盒及平底鐵鍋等乍看似乎很難清理及維護，但其實習慣使用後倒也不覺得麻煩。」

Favorite products

製作便當的愛用器具

切功一流！WENGER的多用途餐刀

切日式煎蛋捲或三明治時會用到的13cm餐刀。切工優異，任誰都可以用它切出漂亮俐落的切面。

擺設預先做好的熟菜需要用到大量筷子

將預先做好的菜餚擺入便當裡時，為了避免細菌交叉感染需要更換數雙筷子。

因為小巧，使用起來毫不費力ambai的日式蛋捲專用平底煎鍋

外形輕巧迷你的日式煎蛋捲專用平底鐵鍋。熱傳導性佳，使用兩顆蛋就可以煎出厚度適中的蛋捲。尤其喜歡它木製的把手。

百元量杯是製作煎蛋捲的好幫手

在百元商店裡買的量杯，用它代替碗來盛裝蛋液。

iwaki玻璃容器與Ziploc密封保鮮盒

微波爐也可使用的iwaki玻璃容器，與Ziploc密封保鮮盒用來保存預先做好的小菜。

深得我心、想長年使用的便當盒

帶有深度的兩個圓筒型便當盒是在花梨漆器本舖購買的。鋁製便當盒則是在AIZAWA工房購入。

貝印（品牌公司名）的刨絲削片器是製作小菜的省時道具

可以刨出極細的絲狀和削出薄片。從一開始做便當初期至今約七年仍愛用的道具。

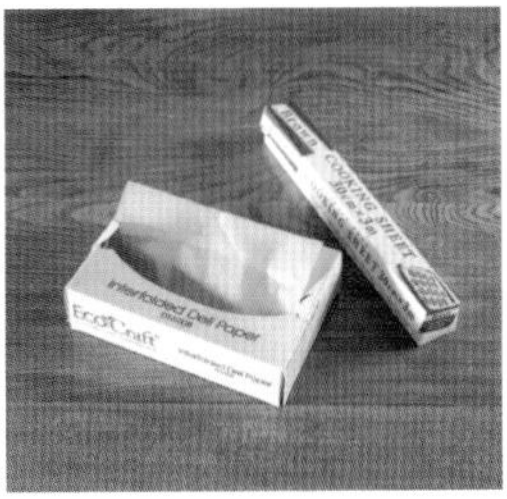

咖啡色的廚房蠟紙及烘焙紙

鋪在便當盒裡用完即可丟棄。中性的咖啡色不突兀搶眼，和菜餚的色彩也能自然融合。

百元店購入未經染色加工的紙杯

用紙杯盛裝小菜彼此區隔放於便當裡整齊乾淨。低調的底色不過度搶戲，微波爐加熱或冷凍保存皆可。

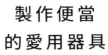

Food

食

充滿個人品味的廚房

以能見式收納為主的廚房。即便物品繁多，處處可見品味也深具風格。

中古物件營造的氛圍和洋溢懷舊氣息的老舊器具並列，是我個人很喜歡的空間。

物品雖多，但費心思整理而不顯雜亂

tami的料理器具購入範圍從百元商品店、古董道具到商業用的批發餐具等皆有。「因為實用便利性或是外型可愛一見鍾情而入手的物品也有，試用過各式各樣器具後現在已較能理性購買。由於廚房是在未鋪設地板的地上直接以水泥混凝土建造的料理檯面，為了配合這樣的風格置入了如餐廳使用的廚具設備。因為是商業用的廚具非常耐用，如果是中古物件價格更合理，令我相當滿意。」

料理用具以懸掛或直接擺放的能見式收納，另外以籐籃及商業用的器具收納櫃等隱藏收納，乍看之下整潔清爽。除此之外，為了能延長廚房整體的使用壽命也看得出十分重視清潔。

活用了曾用於法式甜點店內的商業用器具收納櫃提升空間收納力。

favorite products

傾心於設計感的料理器具

琺瑯製的各式器具

搜羅自捷克、瑞典等國外的琺瑯器具。講究色彩組合搭配之下選購的物件。

不鏽鋼商業用鍋具

在美國的二手古董店購入的物品。家中廚房的爐面偏小，因此偏好直徑小一點的鍋具。

ANTIQUE belle 的托盤擺放水壺杯組

水壺是在京都的GRANPIE、玻璃杯是在名為「70B」的古董店購入的。通常是整組放在托盤上拿至餐桌。

附可愛木蓋的關東煮鍋

有分隔設計的關東煮鍋，插電就可保溫，隨時就能吃到熱呼呼的關東煮。

商業用的量杯和小湯勺

覺得外型可愛就買了。通常都是整組收納在照片中前方的長方形量杯中。

宛如在餐廳裡享用的蕎麥麵竹簍

在專門販售中古商業用廚具設備的店「TENPOS」購入的竹簍。像是店裡會用來盛裝蕎麥麵的竹簍讓用餐更有氣氛。

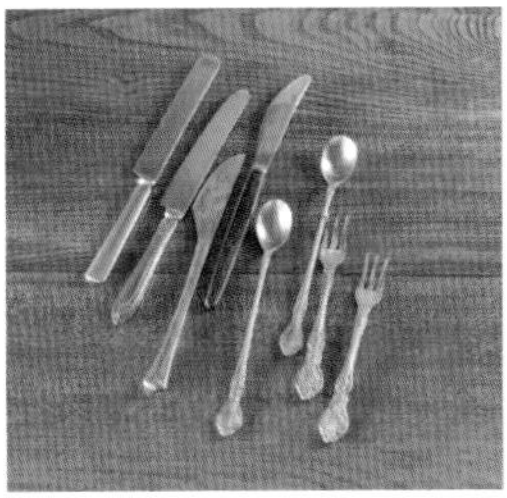

帶點懷舊復古感的餐具

很喜歡叉子和攪拌棒古典的把柄造型。因為曾為餐廳所使用，尺寸也稍大一些。

京都的 GRANPIE 購入各色的水杯

講求造型精挑細選的玻璃杯們，每每選用來裝甜點或分裝小菜等也很開心。

親手打造
怡然自得的客廳

客廳是一整天待得最久的地方，在不受拘束、完全放鬆的空間中，生活也一點一滴成長進化。

在開了天井的客廳，以雙手佈置出宛如紐約閣樓的風格，充分活用了空間。

巧妙結合最愛的廢棄舊家具

tami夫婦覺得比起購買現成的家具和家電，從二手市場承接的物件更有味道。「比起全新的物品，更想在客廳中納入有溫度的東西，因此家中有許多都是別人視為棄物而得以用便宜價格購入的用品，或是會思索沿用可再回收利用的物件。當發現這些東西能適切地融入自己的生活當中時尤其感到開心。」客廳中所見的漂流木以及現在呈現出來的閣樓風格都是夫婦倆費盡心思的成果。就連百元商店裡購買的用品和平價的收納雜貨也不著痕跡地融入擺設中。「我們以平常心對待所有的物品，只要需要時能用就好。」不強求、以能力所及的生活似乎是他們的首要考量。

Favorite products

裝飾客廳的愛用品

造型超可愛 免費獲得的牛奶壺！

看到某店家門口放著「請自由拿取」標示的牛奶壺，二話不說就帶回家了！

外出時也能關切家中愛犬的寵物攝影機

Furbo寵物攝影機讓我外出時也能監控愛犬maru的狀況，也頗受instagram粉絲的好評。用來架高放置的矮凳則在「M.」購入。

膚觸柔適的韓國 ibul 棉巾

用來當作愛犬蓋被的韓國ibul棉巾連maru都很愛。考量家中色調的統一而選擇沉穩的色系。

70B 購入的兒童雪橇變身電視架

正尋覓理想中的電視架時，正好在70B遇見這個木製的兒童雪橇竟然剛好符合電視尺寸。

用來盛水的 lady bird 鐵盆

一眼便愛上它圓筒狀的造型。思考了各種可能的用途最後覺得最適合放置植物盆栽。

裝橘子的木箱充分利用沙發下的空間

除了書架以外，當下時常翻閱的書本便收納其中，大約每個月會整理置換一次。

美國製的古董籐編籃

原先精美的餅乾包裝提籃用來收納不想外露的生活雜物。我尤其喜歡可愛的鐵皮蓋子。

在 70B 一口氣購入四張 ERCOL 的椅子

因為有無法修復的瑕疵，知名品牌ERCOL的椅子一張竟只要1000日幣，價格便宜得驚人便一口氣買了四張。

家中植栽幾乎都是搬入新家時親友祝賀餽贈的。

Living

住

自行翻修老屋 大大節省了住家預算

著手裝修之後，舉凡想要之物都先思考是否能自己動手製作。

不受常理侷限而建構的居家環境

「開始著手自行翻修之後，對於真正想擺放在家中的東西和特別需要費心設計的地方我們下了一番工夫研究。例如，置物架不一定只能用來收納物品，或許也有別的用途之類。」即使沒有置物架，也可以用廢棄的材料當作植栽的陳列架（參照P15），置物架反而用作木板檯面，如此創造出「便於生活型態的新家具」據說都是和老公一同討論發想出來的創意。「我認為像這樣重複再利用物品的循環過程中點滴累積的變化，是堆砌起居家生活舒適感並使這個家與日進化成長的養分。」看待任何生活用具或物品，試著跳脫既有的邏輯框架，不再那麼嚴肅絕對，心靈變得柔和，生活也似乎更加恬靜自得。

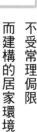

favorite products

打造居家空間的愛用品

木桌的定期保養油

用柑橘提煉的油定期擦拭養護木頭桌子。清新的香氣令人心曠神怡。

使用天然材料製作、未經加工可安心使用的蜜蠟

使用天然材料製作、用於保養木頭床板的蜜蠟，用它塗拭之後，會使木紋更深刻明顯，一年大概使用一～兩次。

呵護皮製沙發的皮革大師

皮沙發和一些古董家具都需要悉心養護，我都用皮革大師定期拋光維持皮革的光澤質感。

攀岩繩索及鐵釦環

這是熱愛登山的父親轉送給我的，很堅固耐用，用於室內懸掛衣物。

國外收集的紙袋也能當作室內佈置

這是從旅居國外的親戚獲取的紙袋，當作室內植栽的培養袋。

古董店裡購入的傘桶

也是在70B購入的物品，很有歲月的味道，花色和設計都深得我心。

拆除舊屋時的廢棄材料當作植栽陳列架

歷經歲月的木材就是與新品的質感不同，也因此較容易融入我家的室內裝潢風格。

漂流木和麻繩做的室內吊飾

用老公在水斕下游撿拾的漂流木和麻繩加上人造花做成的吊飾佈置室內。

從父母那挖來的木板當作壁飾

因為木板形狀奇特本來煩惱不知如何運用，最後和富綠意的植物結合成為牆壁裝飾。

白色的衣物收納架是在 IKEA 購入，為了不讓衣物被鐵網籃壓出痕跡，先鋪了一層紙袋隔離。

Clothing

衣

利用隱藏式收納 使空間顯得清爽整齊

衣物間利用紙箱與紙袋將雜物隱藏收納，看上去便清爽整齊。

物品雖多，但以隱藏式收納美觀整齊

將原本放置床的空間翻修為小型衣物間，為了避免看起來過於雜亂，平常會將外頭的拉簾拉起遮蔽。「我定期會將穿不到的衣物賣掉或整理出清。盡可能維持簡潔整齊的收納方式。只把當季要穿的服飾吊掛出來，T恤等其他衣類摺疊收起，永遠只拿取要用之物也很容易。古董旅行箱裡收的是寢具，我很喜歡它圓弧硬挺的造型和老舊的皮革質感。」因為定期檢視整理，物品不會越堆越多，便可以維持衣物空間的舒適度和條理。

較厚的布織品以大型的籐籃收放排列於窗台上，用深藍色的布蓋住避免視覺上雜亂煩擾。

Favorite products

衣物收納愛用品

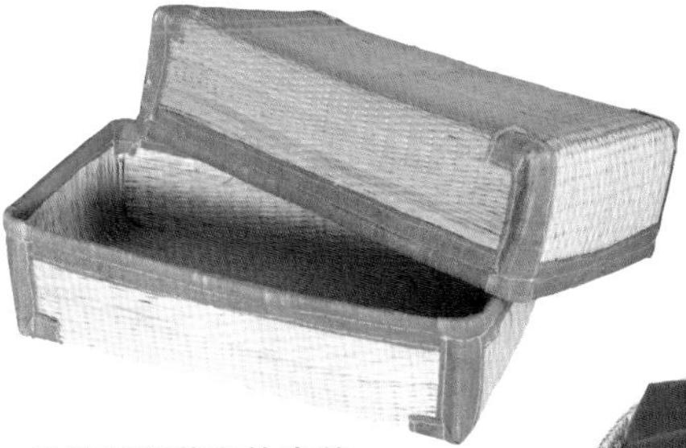

彷彿訴說著老故事的衣物收納箱

這只箱子是在古董店購入的，平常都是用來收放毯子和枕頭。

形體可愛的大型收納籐籃

以水杉編織的提籃用以收納包包、帽子等布織配件，尺寸和形狀我都很喜歡。

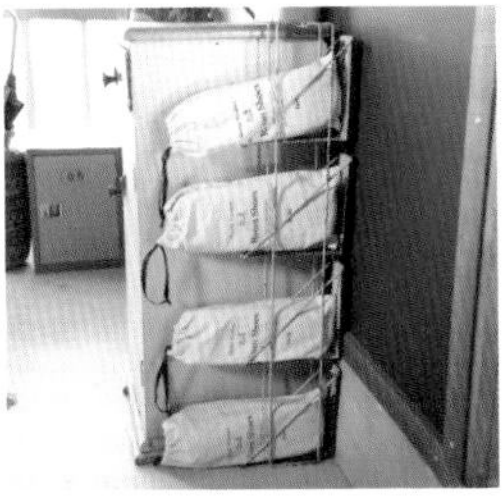

古董拖鞋架

鞋架旁另外吊掛拖鞋架，專門收放客人造訪時穿的拖鞋。

將紙袋裁切鋪在鐵網籃上隱蔽收放物

為了避免衣物壓出紋路，在鐵網籃上鋪一層紙袋，同時也可遮蔽內容物品。

用漂流木親手製作的曬衣桿

在客廳天花板下懸掛以漂流木和攀岩繩索做的曬衣桿。

百元店買的收納籃上以布膠帶做分類標示

在收納籃上貼布膠帶做分類標示，哪個籃子放了什麼東西一目瞭然。

HAT-SHOP 的紙箱收放穿不到的衣物

大紙箱中收放的是當季穿不到的衣服，在網路商店HAT-SHOP上購入。

老公手作的涼鞋吊掛架

老公特別為我做了吊掛架懸掛造型特殊的涼鞋。

file.

02

降低色彩使用度，只挑選由衷喜愛的物品。鍾情的物品便物盡其用。

Profile.

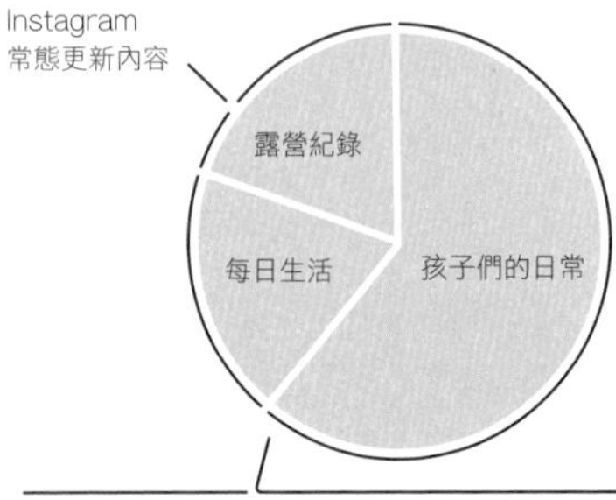

主要分享孩子們熱鬧的日常生活、閒暇時間的嗜好興趣和全家露營紀錄，藉由 instagram 留下些生活日記。

- ☐ **姓名**：hinaichisaku
- ☐ **Instagram ID**：@ mmhmm5638
- ☐ **居住地**：香川縣
- ☐ **家族成員**：5 人／老公、兒子（7 歲、3 歲）、女兒（5 歲）
- ☐ **Instagram 使用資歷**：3 年

與老公和三個小孩組成的五人家族。在 Instagram 上可見到可愛的孩子們及窺見其日常生活因而追蹤者甚多。時常透過充滿美感的照片分享家族露營時的歡樂時光。

絕不選擇會破壞住家整體品味的物品

hinaichisaku夫妻倆原本就很喜歡古道具，因此家中陳列的不是古董物件就是中性色系的家具。她說：「結婚之後擁有了獨棟的房子，基本上選購家飾品的原則就是只買自己喜歡的物品，這一點從單身時期到現在婚後有了三個孩子依舊不曾改變。在自己珍愛的物品包圍下生活是讓我面對家事與生活時不可或缺的動力來源。」看似難以歸納、色彩鮮豔的童裝或生活用品一開始就不會納入考慮。畢竟工作及育兒已經忙得不可開交，選擇不需費神打理的東西十分重要。

有孩子們豐富的表情和喜愛之物環繞下的幸福生活。

挑選物品的原則

RULE 1

選物時重視外觀更甚功能性

比起功能性，常常是一見傾心就買了不少東西。不過，因為原本就不會選擇色彩強烈的物品，倒也沒有買過什麼色彩突兀或設計奇特的東西。使用時讓自己開心比什麼都重要。

RULE 2

相信直覺，一旦有所遲疑便不要買

「到底該不該買呢？」通常浮現這樣的掙扎時，到最後都是沒買居多，事實上那可能也並非必要的物品，會感到猶豫或許就是直覺的提醒。永遠只買自己百分之百喜歡的東西。

RULE 3

不選華麗鮮豔和有品牌圖騰的物品

不管是生活用品和衣物，我個人不喜色彩過於鮮豔或有品牌圖騰的東西也因此不會選購。我喜歡沒有花俏複雜的設計、單純實用的器具和單品。

客廳中兼有隱藏與能見式的收納，視覺上既豐富又不凌亂。

Living

住

精挑細選的生活用品和收納器具

「能見式」與「隱藏式」收納之間的平衡十分重要。我偏好設計簡約的物品。

時時檢視整理家裡，避免東西越積越多

室內佈置風格有著一貫的整體感，如此一來家中每個空間都讓人感受到一致的溫度。「尤其生活用品類會避免選用色彩鮮豔或有醒目的品牌圖騰，其實這項原則也套用到生活所有物品，比起追求時下流行的東西，我偏愛設計簡單的物件，徹底確認自己真的喜歡才會購入。花俏的設計毫無意義，便於使用的器具才能令人一直愛不釋手。」如非百分之百滿意否則不會購買，這似乎是讓家中不徒增物品的祕訣。「時時檢視整頓居家環境，避免東西越積越多也非常重要」。除此之外，她也一直謹守一個原則，那就是每當添購新東西的同時就果決地丟棄舊的物品。

孩子們古靈精怪的模樣在 instagram 上也大受好評。騎乘掃帚的小魔女現身！

favorite products

打造居家空間的愛用品

不收起也無礙觀瞻 BIERTA 的熨衣架

熨衣架腳本身為天然木材質，放置於外也很美觀，外型和價格都很討喜而深得我心。

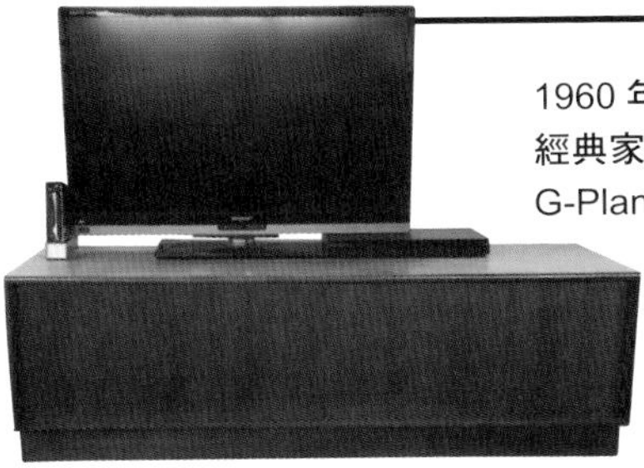

1960 年代競相收藏的經典家具！G-Plan 的電視櫃

1960年代時一度非常流行的北歐風格G-Plan電視櫃，櫃子裡可收納許多物品令人滿意。

TRUSCO 的搬運箱

露營時極為仰賴的箱子，家中如有不想暴露在外的雜物也收放其中。

全家的娛樂神器 EPSON 的投影機

擺放在櫃上可移動的架子上，直接將電影投影至牆面上，全家一同觀賞樂趣無窮。

Hailo 公司製的鋁梯

家中的櫃子普遍偏高，常常得仰賴它拿放物品。

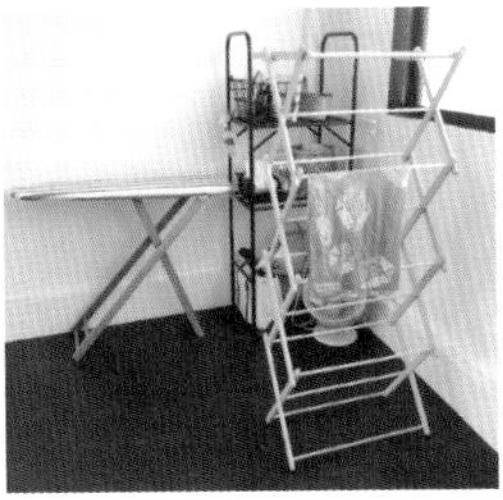

BIERTA 的毛巾掛架

我喜歡它全木製，即使放於家中一隅也像個藝術品，不用時也可折疊收起。

Michigan Ladder Co. 的矮木梯

木製的梯腳搬移輕便，孩子們也會站上梯子洗手。

全年活躍的 LASKO 箱型風扇

特別喜歡它簡單的設計，一整年都靠它讓屋子裡的空氣對流通風。

Living

住

選擇耐用耐看的家具

只擺放有緣巧遇而鍾情的家具，因為真心喜愛即使使用很久也看不膩。

以一座大沙發為中心的客廳是全家人休憩放鬆的地方。

對家具絕不勉強妥協，只選擇真心喜歡的

hinaichisaku 似乎偏好設計簡單的家具，家中的物件都是自己真心喜愛、處處講究考慮過後才會購入。

「平時閒逛些古道具店或喜歡的店家時，偶然巧遇覺得很棒的家飾便會買下。買回家的家具幾乎都陪伴了我們很長時間，像是客廳邊櫃大概已用了十年，餐桌和餐椅也約六年，至今都還看不膩。」

除此之外，偶爾逛逛網拍時看到心動而購入的狀況也有，例如廚房的工作桌及餐具櫃等。餐具櫃是先丈量好想要擺放之處的尺寸後，尋尋覓覓許久才終於找到合適理想的。可以說是在自己喜愛之物環繞下生活而因此感到心滿意足。

Favorite products

深思熟慮後入手的家具

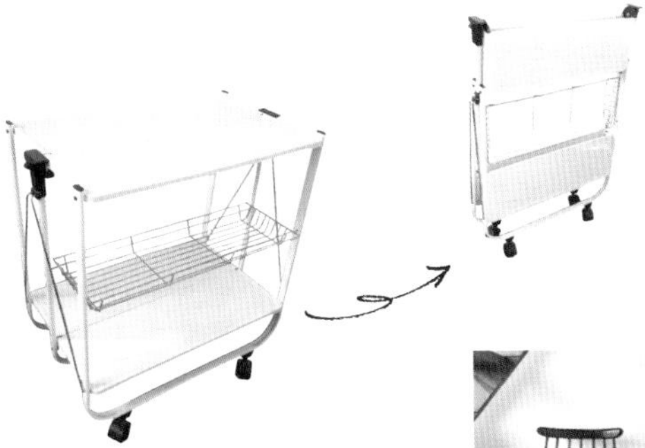

可移動式 DULTON 的廚房推車

想讓家中的觀賞植栽做做日光浴，或是較多人一起用餐想放些當下需要的東西時是很好的幫手。

愛不釋手的餐椅

搬入新家時同時購入的。中間那張是ERCOL的、左右兩張是Ilmari Tapiovaara的經典設計椅。

RUBY 公司的三層櫃

在香川縣本地購入、充滿溫度、外觀也很得我心的櫃子，已持續愛用了快六年。

可伸縮延展的餐桌

也是ERCOL的商品。將頂板掀起拉出中間兩塊木板就能延展加長。

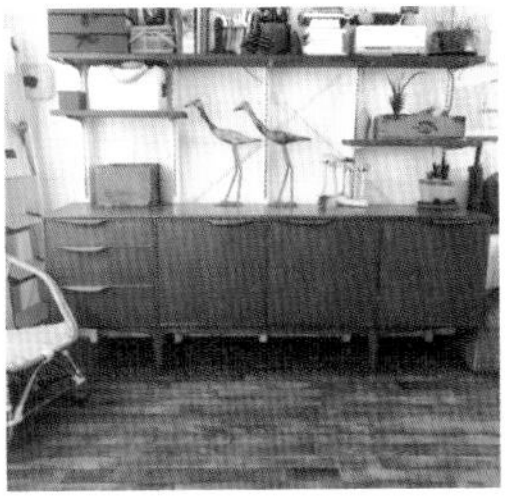

MACKINTOSH 公司出品的邊櫃

平常收納文具、文件資料、筆電和印表機等不想暴露在外的用品。

TRUCK FURNITURE 的沙發

已使用約六年。坐下就離不開，家中每個成員也都很愛它。

網拍上挖到的餐具櫃

一直想尋覓160cm寬的櫃子，找了很久總算在網拍上發現它，十分滿意。

網拍上購入的工作桌

是以前學校裡使用過的古董桌，因為想讓兩個孩子可以坐在一起寫字畫畫而買下。

雖然物品很多，但若統一色系和質感的話，看起來便整齊清爽。

Food

食

讓家事變得更愉快的廚房器具

除了自己喜歡的設計元素和色系之外，選擇時也很重視實用性。

選擇好用也容易清潔保養的器具

廚房多數用具採懸掛式收納顯得條理分明。「料理器具都是在香川縣本地的愛店裡搜刮而來的，已經持續光顧有十年了。我個人只偏愛挑選簡單、無多餘花俏設計的物品，還有是否易於清潔維護也是一大重點。」買了卻無力養護的東西便不考慮，若是真的需要花時間保養的物品就會衡量自己能力花點功夫待它。

「沒在使用的餐具便淘汰捨棄，一旦起了整頓的念頭會立即行動，既是無用的東西便毫不留戀地上網拍賣掉。料理用具和餐具皆是自己喜歡的，做起家事也幹勁十足哩！」

favorite products

料理時的愛用品

蒸煮料理也沒問題，KINTO 的 KAKOMI 陶鍋

當作一般鍋子單用也行，加上附屬的蒸籠也可蒸煮食材，幾乎每天都用到。

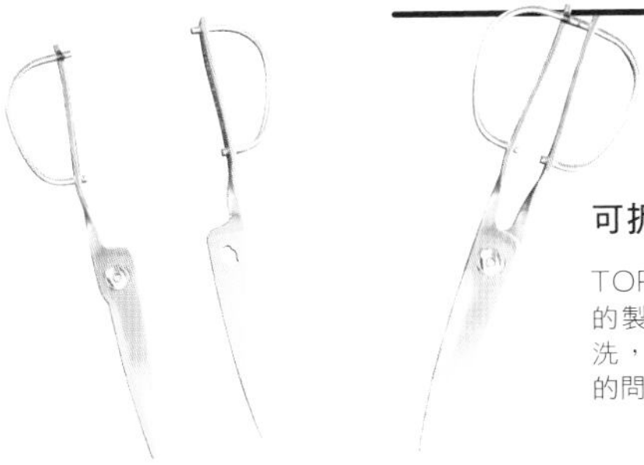

可拆卸的廚用剪刀

TORIBE SCISSORS的製品。很容易拆卸清洗，不會產生積水生鏽的問題。

STELTON 經典的啄木鳥水壺

保溫、保冰功能都很優秀，擺放在餐桌上也很有造型，可謂得意戰利品之一。

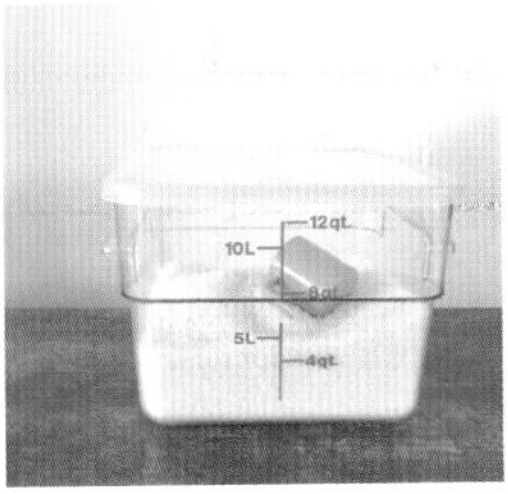

CAMBRO 的食材保存容器

我都用它來裝米。除了能完整密封，因為透明的整體外觀可以清楚確認剩餘量相當便利。

取代電鍋的 ambai 陶鍋

我家都是用這個陶鍋代替電鍋煮飯，煮好直接整鍋端上桌。用這個煮出來的白飯特別好吃！

本地的店裡購入的煎蛋捲平底鐵鍋

可用於電磁爐的這個平底鐵鍋，可以煎出漂亮的日式蛋捲，一輩子對它不離不棄。

patio 發現小巧的天婦羅炸鍋

在patio挖到這個外形小巧的天婦羅炸鍋，拿取輕巧、熱油也快、大小恰好的尺寸。

AIZAWA 工房的不鏽鋼燒水壺

不僅燒水效率高，外型簡約、毫無多餘無謂的設計，本身就是個優美的工藝品。

希望孩子們都能穿著自己喜愛的衣服神采奕奕地玩耍遊戲。

Clothing

衣

喜歡簡單又好搭配的童裝

不受流行左右，盡可能選擇色系低調，穿著舒適的服裝。

簡單的設計為前提，加上材質的講究

hainaichisaku 的童裝穿搭也在 instagram 上頗受欣賞。「我挑選童裝時，也比照生活用品及家具等相同原則，盡可能選擇不受流行左右的簡單設計。」另外，由於孩子們年紀都還很小，弄髒了也不至於介意的衣物也是挑選重點之一。

「Saint James 的T恤是他們從小就愛穿的衣服，因為很基本款，與其他服飾都容易搭配被我視為重要單品。還有友人自創的童裝及兒童用品品牌『megane』的網路商店也是一個我常常選購的管道。該品牌衣物都是採用棉、麻、羊毛等天然素材，穿著起來親膚性很好極為舒適。」

Favorite products

獨特又優秀的童裝

大兒子穿的 megane 褲子口袋超可愛

和右邊的外套同樣是megane的商品。屁股上的口袋設計很俏皮。

大女兒穿的 megane 麻質外套

友人自創的童裝及兒童用品品牌「megane」的服飾。微涼時套上既輕便又可稍微禦寒。

美妙的綠色格子洋裝

the animal observatory的服飾。完全不像童裝、成熟優雅的風格是它最棒的地方。

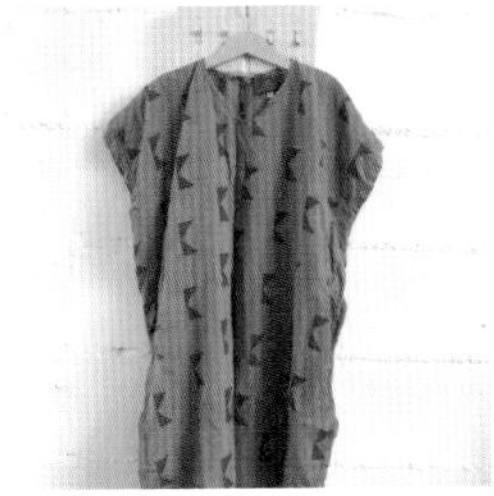

the animal observatory 的洋裝

洋裝沉穩的色系完全不會令人聯想到是童裝，媽媽比孩子們還私心喜歡的一件單品。

大兒子穿的 GARMICCI 短褲

深綠色即使弄髒了也不明顯。樣式簡單和任何單品都好搭配。

大女兒穿的 megane 麻質背心

背心對於調節孩子們體溫尤其難能可貴。這件是大女兒在穿的，很喜歡它簡單的剪裁和顏色。

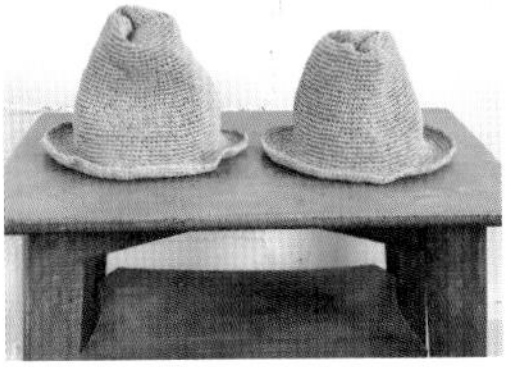

造型富童趣 tegotego 的帽子

外型非常可愛，和什麼服裝都能搭配。三人從小時候就很愛穿戴。

二兒子的 Saint JamesT 恤

設計簡單的T恤，和二兒子的褲裝都很好搭配，出場率極高。

File.

03

納入有歲月痕跡的古道具，慢慢打造出令人放鬆的家。

Profile.

Instagram
常態更新內容

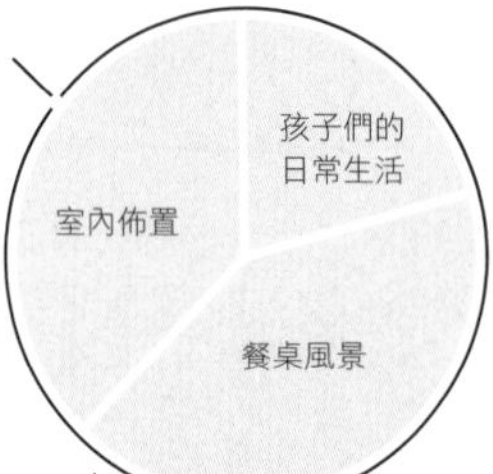

分享居家佈置、餐桌上的料理、古道具和家具等和生活風格相關的事物。

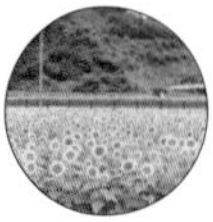

- ☐ **姓名**：裕子
- ☐ **Instagram ID**：@ slow.life.works
- ☐ **居住地**：兵庫縣
- ☐ **家族成員**：4人／老公、兒子（7歲）、女兒（5歲）
- ☐ **Instagram 使用資歷**：2年

過著與老公及兩個小孩的四人生活。時常上傳每日自家用餐的風景、溫馨的居家佈置、孩子們成長的紀錄等而累積相當的人氣。

老民房風格的居家佈置，讓家人們最感安適的屋子

自從五年前家蓋好之後，裕子嘗試過各種風格的居家佈置。「先前的風格是與現在截然不同的美式普普風，有一次母親造訪我家時說『這裡真是令人感覺不自在哪！』，於是待沒多久就返家了。然後兒子也曾疑惑問過『明明身在日本，為什麼家裡全是英文字呢？』我才重新省視一直以來自己覺得很棒的佈置其實對家人而言或許並非全然舒適。」從那之後，我就抱持著想為家人打造安身之所的想法，在挑選家飾或營造氛圍時開始做了些調整，漸漸改造成現在的樣貌。「現在母親也變得比較喜歡來了呢。」

在富有歲月感的家具和用品環繞之下，集結了諸多喜愛之物的客廳，也是孩子們非常喜愛的場域。

挑選物品的原則

RULE 1

審慎考量
是否有必要性
而選購

看到各式各樣物件就會想買，很容易失心瘋便買了一堆東西，但畢竟收納空間有限，為了避免東西越積越多，時時會提醒自己得經過充分考慮過後才選購。

RULE 2

傾向選擇
即便價格稍貴
但耐看耐用的物品

以前會買很多便宜的家飾品來妝點家裡，但最後往往容易看膩而丟棄。現在我只挑選即使昂貴一點但自己很喜歡、真的會珍惜愛護的東西。

RULE 3

符合自家需求
和風格
比跟隨流行重要

老實說在網路或社群平台上看到時下流行的東西確實會在意，但我會先冷靜一下認真思考那樣的東西是否適合家裡，以及是否接近自己想營造的生活樣貌。

用餐或午茶點心時基本上都會一人一份放在托盤再端上桌。

Food

食

深愛的料理器具永遠不嫌多

因為喜歡各種料理器具導致廚房裡物品隨時間不斷增加。我會選擇可一物多用的工具。

用心呵護精緻的器具們

「我特別愛買廚房裡用的料理器具，時常參考自己喜歡的料理家們居家佈置和使用的料理工具。」由於裕子的家附近並沒有太多她愛逛的店家，似乎從網購居多。

雖然總提醒自己不要再添購物品增加收納負擔，但偶爾還是忍不住想買。「不過我會選擇像是籐籃之類，不僅能拿來收納也可以當作瀝水器具、可一物多用的用品。除此之外，廚房周邊的器具中又以竹製品最為細緻脆弱，像是圓弧型的竹製便當盒及籐編籃等每用過之後都得仔細地洗淨、擦乾，徹底晾乾。」必要的清潔維護怠惰不得才能用得久，這點她相當留意也勤於養護。

Favorite products

讓人熱愛料理的愛用品

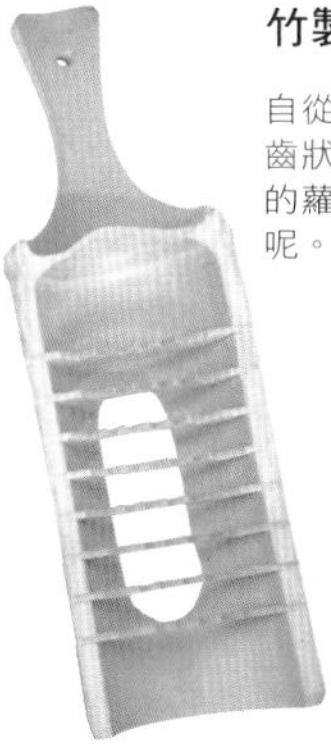

松野屋的竹製鋸齒狀磨泥器

自從用了這個竹製的鋸齒狀磨泥器後，磨出來的蘿蔔泥好像更美味了呢。

TRUCK 的琺瑯燒水壺

造型簡約的水壺出自TRUCK。即便拿出後不收起放在廚房也像個藝術品裝飾。

橢圓型竹製便當盒

照片前方的橢圓型便當盒是秋田大館工藝社的商品。白飯放在裡頭不會悶到過度濕軟，將平淡無奇的小菜都襯托得很美味。

外觀看起來充滿溫度的茶壺杯組

陶壺、陶杯出自rutawa.rawajifu；濾茶網篩是虎斑竹專賣店竹虎的物品；托盤是公公親手做的。

虎斑竹專賣店竹虎的IH 對應鍋具附的蒸籠

直接端上桌享用感覺也很時尚的蒸籠，無論是蔬菜還是包子都能夠蒸得十分美味。

staub Pico Cocotte 深圓型鑄鐵鍋

我使用的是直徑24cm的staub鑄鐵鍋，用來烹調燉菜類的料理尤其美味。

花梨漆器本舖的圓形飯桶

每天早上我都會將壓力鍋煮好的白飯放入這個飯桶端上桌，即使擱置一段時間還是不影響美味。

公公親手作的茶點托盤

手作的茶點托盤輕便好拿深得我心。把手部分是用鐵條焊接上去的。

附有把手的橢圓型籐籃無論放飯糰、麵食類或小點心等都很適合，可說是我家餐桌上的必見物品。

Food

食

因爲熱愛餐具，選購前絕對經過深思熟慮

選購時會盡量統一色系和材質，當然造型美觀也很重要。用自己喜歡的餐具享用茶點格外感到幸福。

以餐具櫃能收納為前提，只購買必要的用品

「因為我真的非常喜愛選購餐具，原本一直想要一個適合陳列創作家餐具的櫃子，結果公公就動手打造了一個餐具櫃送我。但即便我多麼熱愛，為了不增加家中收納負擔，我的購買先決條件是一定要能放入家中的餐具櫃。每添購新的餐具，我便會淘汰已不使用的。」購買前一定會仔細斟酌是否真的需要、家中是否已有類似物品，深思熟慮過後才會下手。裕子也十分看重餐具擺放在櫃子裡以及餐桌上的美觀性。看得出她在色系和材質選擇上刻意營造出統一感，數個玻璃杯和玻璃容器也依據尺寸大小擺放得整整齊齊。

favorite products

享受用餐時光的愛用品

松野屋的竹製味噌網篩

利用桂竹編製的味噌網篩，使用這個烹煮出來的味噌湯風味溫潤淡雅。

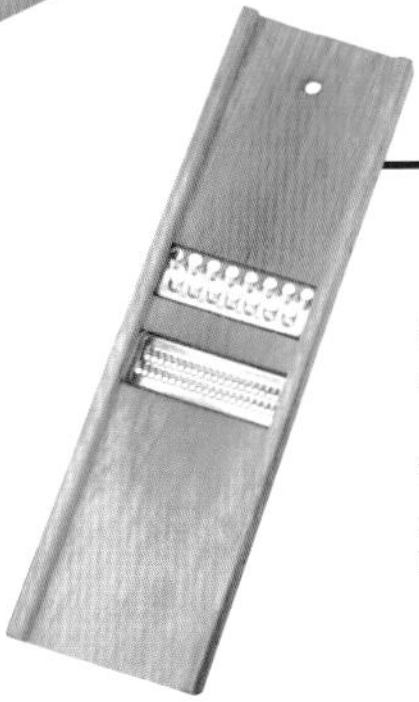

公長齋小菅的竹製削片刨絲器

我很喜歡這個竹製的削片刨絲器，用來削蘿蔔或牛蒡等都很好用。

KAGOYA 的圓形網篩

直徑18cm的圓形網篩直接當作盤子盛裝麵條尺寸也剛好，購於KAGOYA。

竹製的掏米棒和掏米籃

籃子是出自鈴竹細工、掏米棒是竹虎的。冬天時即使用凍之入骨的水洗米也不以為苦了。

箭竹編製的購物籃

我有時會將便當放在籃子裡帶去公園野餐。光是擺放在屋子裡看起來就很療癒。

Takahiro細口手沖壺

Takahiro基本款系列磨砂黑的手沖壺，是午茶時間不可或缺的一角。

稻稈編織及毛線鉤製的隔熱墊

稻稈編織的圈圈型隔熱墊是出自佐渡的專業職人，花朵型的隔熱墊則是同為instagramer的@harinezumi.0105親手鉤製的。

討喜的圓滾滾木碗

出自薗部産業的木碗使用上等木材製作，有櫻木、檜木、胡桃木等不同材質選擇。

雖然家中空間算不上寬敞，但在心愛的物品包圍下生活也悠然自得。

Living

住

運用古董家飾品的生活況味

一直很嚮往動畫電影《龍貓》當中那樣的生活姿態，期望運用早期曾使用過的老家飾品營造出電影中的生活氛圍。

充滿日本專業職人打造的生活用具

裕子的家中客廳充滿了處處講究的物品。「孩子們和我都很喜愛《龍貓》這部片，片中運用了古早人們使用的家具所營造的生活風景令人心生嚮往，於是我便慢慢開始收集富有歷史感的老家飾品。」有時在雜誌上翻到覺得不錯的物品，她就會上網搜尋，很多時候也會參考其他instagramer的生活分享，記下他們所使用的生活用品當作參考。「選購家飾品時，我盡量都會挑選日本的專業職人手作的物品。另外，公公親手做給我們的家具和收納櫃等和家中老民房風格的室內佈置也融合得很完美，家族成員也都很珍惜愛用。」

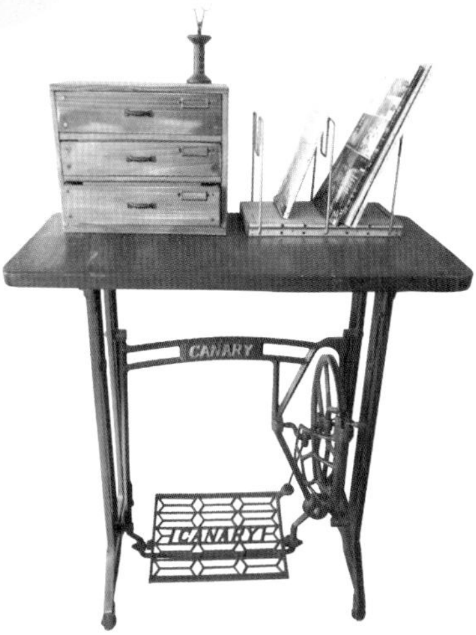

JAGUAR
CANARY 的
縫紉機桌

用祖母以前使用過的縫紉機再加上自己DIY的桌板改造而來的書桌，光是擺著就很有味道。

favorite products

家飾品及生活日用品

書桌椅和古董檯燈

孩子們的書桌椅是公公為孩子們親手製作的贈禮，經過好幾次修復簡直是最完美的桌椅組。

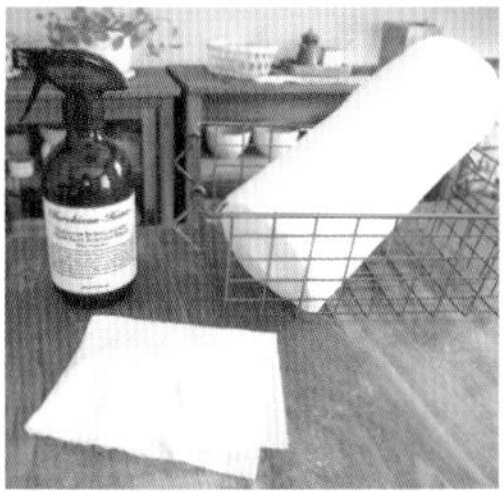

餐具用的安全清潔噴液及可清洗重複使用的紙巾

平時會用紙巾和Murchison-Hume的清潔噴霧擦拭桌子等家飾表面。紙巾可清洗重複使用兩～三次。

功能性與外觀都令人滿意的熨斗

DBK的THE ACADEMIC熨斗能輕鬆熨平衣物皺褶，外型設計美觀，拿出後不收起放著都賞心悅目。

plywood ZAKKA 購入的 HERMOSA 復古風扇

設計復古又簡約的電風扇毫無違和地融入充滿古道具的家。

設計感吸睛的古董書本收納架

古董書架裡擺放的是當下喜愛翻閱的雜誌或書本，散發著懷舊感和家中手作的家具很搭。

公婆兩人親手製作的皮沙發

木製的部分是由公公打造、皮革沙發面由婆婆縫製的。對這充滿心意的手作家具滿懷感謝喜愛。

TRUCK FURNITURE 的 PENDANT P-RT1 籐編燈罩

籐編的燈罩雅致又極具存在感，成為家中佈置的重點要角。

Living

住

利用籐籃及箱子分類收納

為了避免東西越來越多，我選擇可一直重複運用的籐籃及箱子作為收納器具。

在夾層下方打造了一個宛如小店鋪，孩子們的專屬衣物間。外頭懸掛的燈具是古道具屋購入的，裝設在山裡砍下來的木頭柱子上。

一旦添置新品便淘汰舊物，避免家裡東西堆積過多

「我家的收納用具好比說竹編籐籃，有的用於廚房當作瀝水籃；有的放在客廳收放小物，附收納空間的長凳橫放在廚房裡兼具收納及休憩功能，還有原本並非為收納用具的附提把籐編古董行李箱，用來收放一些小型家電用品。我會選擇多用途的物件，發揮其最大功能而活用它們來收納物品，這對於減少家中負擔相當重要。」裕子如此表示。她不買大型的儲物家具，因為那佔去家中太大空間，在有限空間中一旦物品增多便會盡可能汰除掉一些，以不佔空間的收納方式為基本原則。

用各色的木箱收納衣物

託木工做了各色的木箱當作抽屜式收納櫃。最上面收放藥品，其他則放置夫婦倆的衣物。

Favorite products

妥善整頓空間的收納單品

充滿復古味的手作小抽屜櫃

這個三層櫃是公公親手做給我們的，裡頭收納指甲剪和孩子們的絨毛玩具等。

玻璃容器依顏色分類排列於木箱中

玻璃容器都放在手作的木箱中。為了在餐桌也取用方便將木箱放置在廚房吧台上。

廚房的抽屜櫃下方鋪木板

為了改善廚房系統櫃制式化又單調的感覺，在底部鋪了木板。調味料統一排列擺放一起整齊清爽。

DIY 畫框裝飾盆

自己動手將TRUCK FURNITURE的海報加上木框裝飾，就變成了時髦且吸睛的家飾。

一物兩用的手作收納長凳

橫放於廚房兼具休憩長椅又有收納功能，也是公公手作的物件，用來收放食材。

原為餐巾架的竹籃收納餐具

岩手縣鈴竹細工六角型編織的餐巾架裡直立收納筷子、湯匙、叉子等餐具。

M. 購入的籐編行李箱做隱藏式收納

在古道具店M.裡購入的籐編行李箱，用來收納一些和家中風格不太協調如錄影機、數位相機、充電器等3C產品。

Column 1

達人們的籐籃收納實例集

Basket storage example

籐編籃在instagram上也非常受大家喜愛。
使用方便且易於融入家中佈置風格，
用途十分廣泛。
在此先以收納為主題介紹使用實例。

色彩鮮豔的玩具
以籐籃＋布遮蔽

在雜貨店購入的非品牌籐籃用來收放孩子們辦家家酒的道具。視覺上略嫌雜亂的彩色玩具用籐籃＋布遮蓋就不會顯得突兀了（_17anco_）。

Idea 01 收納孩子們的玩具

#大尺寸 #耐用 #底部夠深

塞內加爾製的籐籃耐髒耐用，孩子拿取也容易

非洲塞內加爾編製的籐籃，有附蓋子且做工牢固，任憑孩子們怎麼蹂躪也不易損壞（hinaichisaku）。

Idea 02 做為時尚的購物籃

#環保購物籃 #復古
#耐用的籐籃

當作買菜購物籃，復古又可愛

出門採購時我一定會帶這個籐編籃，不僅堅固耐用、容量大、外型又可愛我相當喜歡（miyo1683）。

Idea 03 可搬移的調味料收納盒

#籐編籃小冰桶 #可搬移
#收納調味料

外觀可愛餐桌上又便利的籐籃組

TIGER的籐編籃小冰桶我拿來收納餐桌上的調味料罐，走到哪可拿到哪，在雅虎拍賣上購入的（裕子）。

Idea
04
用籐編包 收納布料織品
#籐編包 #環保袋
#收納小物

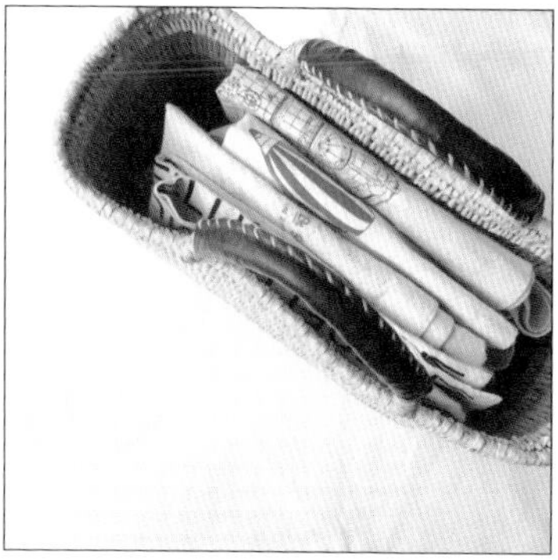

warang wayan 的稻草籐編包

形體堅固耐用而且是日常使用起來便利的尺寸，用來收放較大的環保帆布袋和一些布織品（kiko）。

Idea
05
簡約樸實的 玄關收納 為佈置增色
#布吉納法索 #玄關收納 #雨具收納

佔空間的雨具就用這布吉納法索的籐籃收納

將雨衣、折疊傘等收放在籐籃裡顯得清爽整齊。但要避免濕氣損傷籐籃小心地擦拭風乾（＊eri＊）。

Idea
06
以竹籃 充分利用狹小的 放置空間
#萬用籐籃 #竹籃 #享受家事

視需求收放不同物品，避免散亂一屋的實用籐籃

這個竹籃可說是我家的萬能籐籃，有時放入需要瀝水的餐具；有時收納餅乾零食等視狀況收放不同物品，收納一些瑣碎小東西尤其實用方便（yuko）。

Idea
07
外型可愛兼具功能性，堆疊可增加收納空間
#籐籃收納
#擺放衣物
#節省空間

節省空間，格外適合家中儲物場所不大的人

在DRESSTERIOR購入的籐籃直接擺著也很可愛。因為有附蓋可做隱藏式收納，平時收放小孩的衣物（Osono）。

file.

04 僅保留真心喜愛的物品圍繞身旁，享受簡單清爽的生活。

Profile.

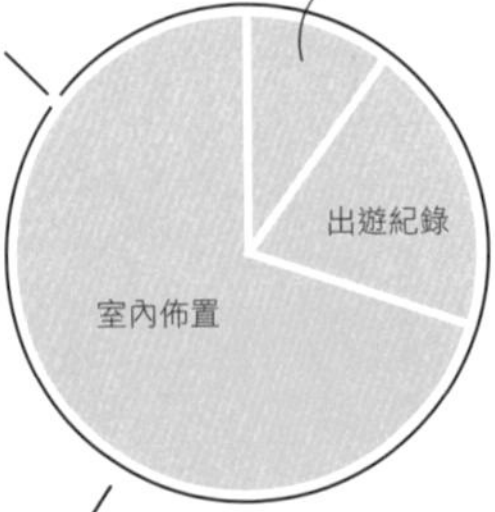

分享居家佈置和生活風格相關主題文，看得出很用心維持版面照片的清新感。

- ☐ **姓名**：maimai
- ☐ **Instagram ID**：@ _chunk99_
- ☐ **居住地**：未公開
- ☐ **家族成員**：老公
- ☐ **Instagram 使用資歷**：5 年

與老公兩人過著溫馨恬淡的生活。在 instagram 上傳日常生活中使用的餐具、用品、室內佈置及露營等出遊紀錄，追蹤者得以窺見其樸實清新卻時尚的日常生活片段而廣受好評。

家中盡是經過慎選且喜愛的物品，營造簡單且典雅的生活

maimai說自己是從婚後擁有自己的家之後才開始講究生活周遭的用品。「以前我很喜歡北歐風的物品，任何東西都挑選北歐設計品，但有天偶然造訪益子市的陶器市集，就深受那種充滿創作能量和手感的東西吸引。」從那之後，她似乎便盡可能只選擇日本製、知道創作者和出品來源的物品。

除此之外，她選購東西時偏好設計簡單、能長時間久看不膩、堅固耐用且好用的東西。「我認為，只選擇真心喜愛的物品，就能過著不受物品制約的生活。」

牆上掛著許多喜愛的畫框，還以乾燥花束裝飾牆面。

挑選物品的原則

RULE 1

選擇長久使用仍能欣賞其變化的東西

因為希望物品都能用得長久，也仍想欣賞其經年累月的變化，因此選購時是否能禁得起時間考驗對我而言很重要。看著悉心養護的物品隨時日散發出不同的味道是我的樂趣之一。

RULE 2

選擇展示起來也很美、富設計感的物件

因為喜歡易於收放拿取的開放式收納，我傾向選擇富設計感、展示起來也優美的物件。也因為開放式收納容易顯得零亂，若是設計簡單的物品則能呈現亂中有序的畫面。

RULE 3

選購時考量使用便利性並統一色系

為了在使用物品時，色彩相互搭配起來也能有協調感，顏色我會特別挑選過。收納小物時色系一旦統一，屋子整體看起來便清爽几淨，視覺上也較平衡。

架上只擺設我精心挑選的心愛物品。

Living

住

久看不厭的室內佈置

只選擇我喜歡的物品，以打造出質感單一、簡約的室內風格為目標。

侷限特定材質，營造出一致的整體感

maimai 對於家具和室內佈置的家飾品等，只挑選耐用耐看的物品。材質也盡可能侷限於木頭、鐵及不鏽鋼以維持家中一致的整體感和簡約素樸的裝潢風格。

「我很喜歡壁飾，最近在挑戰自己動手做。像是牆邊的儲物架是在家飾大賣場買材料回來自己組裝的，原先木板的顏色與我家的裝潢風格不搭，另外又刷上仿舊的保養蠟賦予其柔和的顏色。」maimai 似乎還很享受依據季節變換居家佈置的樂趣。

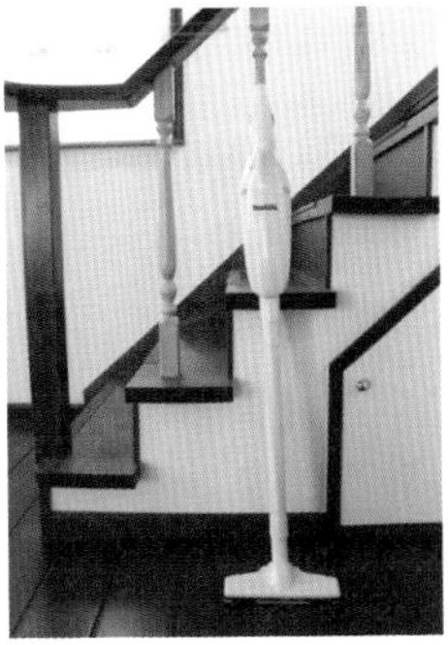

makita 的
無線吸塵器

因為是無線設計，打掃使用起來十分輕便，造型也能融入家中風格都是我喜歡它的原因。

favorite products

打造居家空間的愛用品

今治的
浴巾及洗臉巾

今治的蜂巢狀浴巾及洗臉巾觸感極優異，洗滌過後乾得很快，全家都愛用。

木工創作家
宇田正志的花插

無論是設計、造型和材質都深得夫婦倆的心。

入住新家時
獲贈的畫框

帶點古董氛圍的畫框裝飾著家中已有五年，是搬入新家時親友的賀禮。

木頭挖空雕刻的
香菇造型擺飾品

友人在英國的跳蚤市集買送給我們的禮物，深受我喜愛。

無印良品的
鍍錫鐵盒

外型簡約粗獷的設計堅實耐用，也很適合戶外使用。

薄木片編織的
籐籃

像是北歐雜貨會見到的親切造型，光是欣賞就覺得溫馨愜意。

ORNER 的
塗鴉文字畫框吊飾

經過細膩加工、彷彿古董品的小畫框，無論設計和色系我都很喜歡。

廚房裡的用具盡可能統一色系，看起來比較整齊清爽。

Food

食

展示起來也很美型的廚房用具

選擇色系一致、展示於外也很時尚的廚房用具。

除了外觀，也重視實用性

maimai家廚房整面都貼滿白色的磁磚，給人的印象很明亮乾淨，廚房用具似乎都盡可能選用實用性高且日本製的產品。

「對於一樣物品的實用性，我會先在網路上調查評價做功課，再實際到店裡確認手感。如此一來，買的絕對都是外觀討我喜愛、用起來也順手的物品。設計若美觀，即使不收起展示於外都很時尚，耐看的話似乎也能用久一點。」

假日時，maimai和老公常常出遊露營，但他們卻沒有特別添置露營專用的廚具。「為了不想增加家中物品，我們都把家中使用的料理器具裝在鐵箱裡帶出門其實就堪用了。」

favorite products

打造居家空間的愛用品

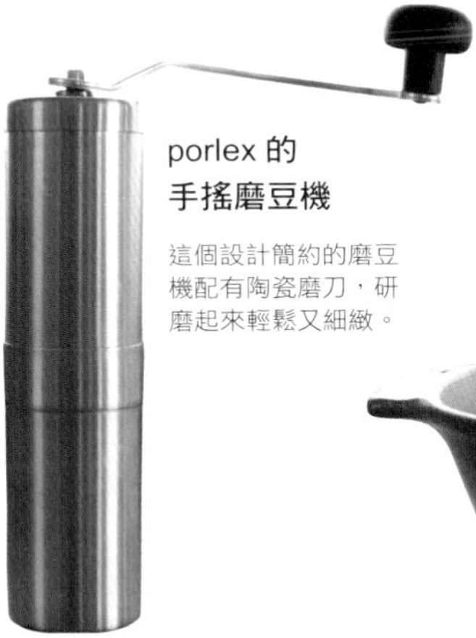

porlex 的手搖磨豆機

這個設計簡約的磨豆機配有陶瓷磨刀，研磨起來輕鬆又細緻。

鈴木史子的陶鍋

具有深度的黑色陶鍋質感很棒，重點是爐火直接烹調或烤箱烘烤皆可，是我選擇它的一大原因。

南部鐵器一岩鑄的平底鐵鍋

越用越合用的一個鍋子，感覺比起鐵氟龍塗層的不沾鍋烹調出來的料理更美味。

仔犬印的茶壺

不鏽鋼的材質顯得簡潔俐落，設計也有點復古。手把不會燙手，使用起來很順手。

Staub 的深圓型燉鍋

設計簡約又厚實耐用。可勝任燉煮、煎烤、油炸、蒸煮等各種烹調方式，用途廣泛。

amadana 的烤箱

尤其喜歡它包覆皮革的拉把。極簡冷冽的設計造型充滿魅力。

OLE PALSY DESIGN 的保溫壺

設計極富現代感的水壺，不僅可長時間保溫也順手好用。

矽膠鍋鏟及湯匙

購自無印良品，炒菜時翻拌食材不費力，鍋中剩餘的湯汁也可舀得乾乾淨淨。

Food

食

展現創作者手感的器具

除了店鋪裡販售的，平時也常逛創作家的個展找尋喜愛的作品。

用鐵架和木板自己親手製作的置物架。

偏好展現創作者手感和溫度的餐具

「自從去過益子市的陶器市集後，我對於餐具的選購方式就有些轉變。在益子第一個買的餐具有著粗糙、霧面的質感，尤其喜歡它樸素淡雅的顏色，從那之後，我幾乎就都挑選類似質感和色系的物品。色調樸素的餐具或許乍看有點晦暗，但是能襯托料理的色彩，我非常推薦。」她往往是從instagram上得知一些食器創作家舉辦的個展資訊後前往觀展。「能在器具上看見創作者的手感和溫度是一件令人開心的事。我也很喜歡花器，時常逛著逛著看到一見鍾情的作品就帶回家了。」maimai常常買現成的乾燥花或偶爾自己做乾燥花束，比起鮮花，她覺得乾燥花比較適合家中佈置的風格。

favorite products

深思熟慮後挑選的器皿

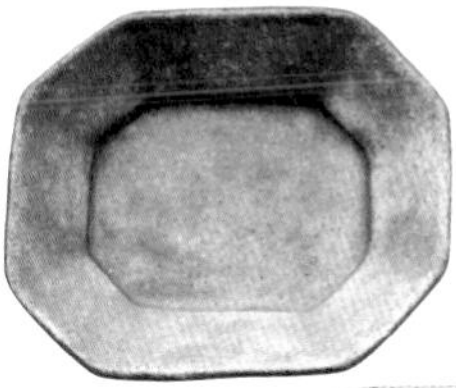

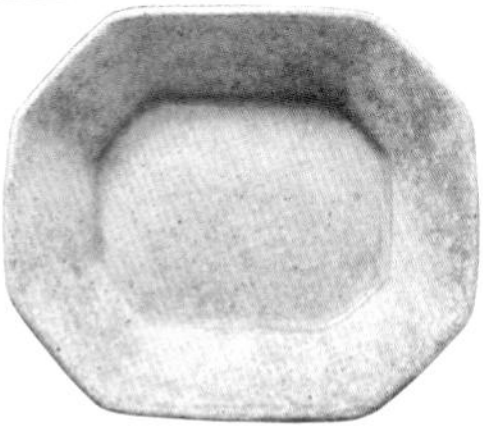

大野七實的小碟子

偏好它仿舊的色系和質感，彷彿散發著歲月的味道。尺寸也很剛好實用。

吉澤窯燒的附把手烤盤

益子的吉澤窯燒製的橢圓型大烤盤附帶把手，放進烤箱烹調也沒問題。

後藤奈奈的附蓋小缽

除了能當作糖罐，還可以放醃漬泡菜、佃煮小菜等用途廣泛。

桑原典子的馬克杯

桑原典子做的馬克杯不僅造型可愛，就口的感覺也很好。

伊藤叔潔的中型淺盤

色彩、質感和造型都很特殊優美，不管盛裝西式或日式菜餚都合適，令人滿意的戰利品。

石川隆兒的馬克杯

很喜歡它的色調、質感、就口時的感覺和擺放起來高雅凜然的姿態。黑白兩色皆有而我選擇了黑的。

辻紀子的花器和尖嘴茶杯

造型如水壺一般附把手的花器有著益子陶器才見得到、樸實的大地質感和色系，相當吸引人。

町田裕也的中型缽

雖然才買了一年，色彩、質感和恰到好處的大小都令我著迷。

file.

05 享受各種器物帶來的不同樂趣，裝進愛的料理與家人分享。

註：繁體中文版中，P.048 ～ P.55 →王哈利 (@intiwang)
此部分內容非マイナビ出版社授權也與日文原書版本無涉，為中文版更換的台灣作者及新增內容，特此標註說明！

Profile.

Instagram
常態更新內容

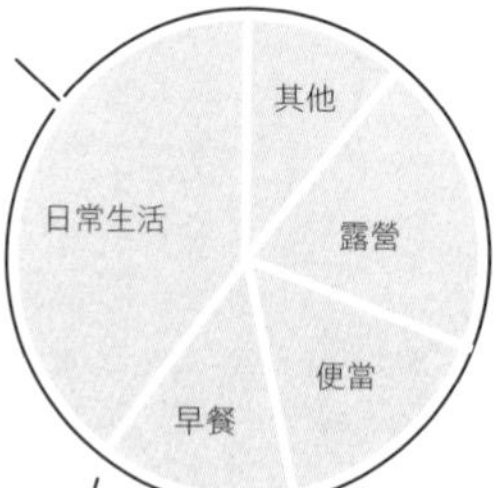

主要分享每日居家與手作料理的生活紀錄。

- **姓名**：王哈利
- **Instagram ID**：@ intiwang
- **居住地**：台灣新北市
- **家族成員**：4 人／先生、兒子（小學五年生）、女兒（小學二年生）
- **Instagram 使用資歷**：約 7 年

本身是 SOHO 的美術設計，也是個閒不下來的家庭主婦。因為幫孩子準備便當的關係，便開始蒐集生活器物，藉由 Instagram 分享及尋找更多靈感。也是「蔥花生活事物所」社團的選物者。

善用不同的器物
營造出四季的餐桌風景

大概是學設計的關係，美的事物對我都特別有吸引力。年輕時喜愛收集的是手帕、文具類等……結婚有了孩子後，當兒子要上小學時，下定決心給自己個不容易的挑戰，每天幫他現作親送午餐的便當，也因如此，我開始尋覓合適且安心的便當盒，甚至到周邊的器皿，家中的鍋碗瓢盆。也開始翻閱日雜了解器物的材質與擺設，就這樣對食器搭配愈來越有興趣。

跟孩子的早餐時間，因為夏天的關係，會選擇玻璃與素色的器皿搭配。

挑選物品的原則

RULE 1

盡量以自然、素色為原則

一開始購買食器時，沒想太多就買了，後來慢慢找到適合自己的風格，質樸溫潤的陶器、白色簡單的磁器、自然木紋的器皿，怎麼搭配都好看。隨著料理食材的不同，創造出餐桌上美好的風景。

RULE 2

選擇好收納方便堆疊

我偏好日本的餐具器皿，一方面是我們的飲食習慣比較相同，所設計的使用器皿也會相似，再加上日本製的品質確實是沒話說。方便收納好堆疊的野田琺瑯是我廚房裡必備的用品。

RULE 3

可以使用很久的器物

東西要使用，才有它存在的意義。所以我會盡量挑選可以用很久，甚至一輩子陪伴的器物。當然前提絕對是要好好的愛惜珍惜，並把它當作是有默契的好朋友，一起好好的生活著。

便當盡量以不浪費食物為原則，填飽肚子才是最重要的。

Living

食

運用四季的食材，把愛放進料理中。

將大自然對每個季節的恩賜，用心融入便當中，料理原點其實就是「媽媽的味道」。

最喜歡的終究還是母親的料理，那是加了愛的味道。

從小我是被外婆帶大，外婆的料理在家中有著很重要的地位，她會依照季節變化製作醃漬品，不管是蒸籠炊粿、饅頭水餃、包粽子也都難不倒，廚房總是不時的傳出各種香氣。而母親因工作繁忙鮮少下廚，但過年春節是她大展身手的時候，而我的童年就在食物的記憶中成長。有了孩子後，因為帶便當的關係，我也慢慢體會到，大自然已經給予我們最好的食材，只要再把媽媽的愛調味進去，就是最美味的料理！

favorite products

製作便當的愛用品

鑄鐵平底鍋

最常用的平底鍋，20公分Lodge和24公分Turk，隨著使用次數增加，沾特性會越來越好，更不用擔心塗層剝落被吃下，是可長久使用的好鍋。

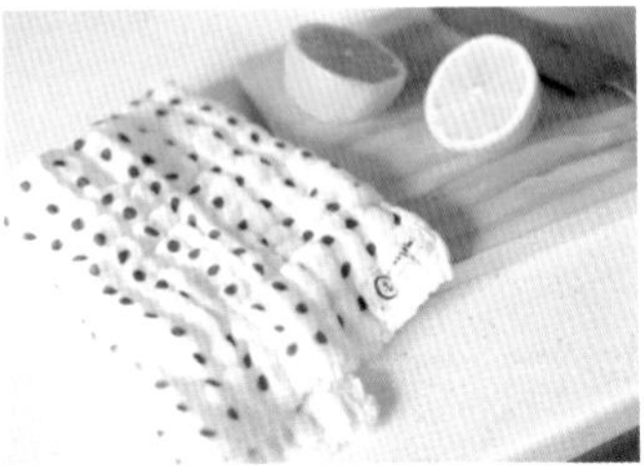

日本生地抹布、廚房工作巾

日本抹布吸水性好、通風易乾、質地柔軟，可當廚房抹布、碗盤巾，是料理生活中必備的實用好物。

長谷園日式炊飯釜鍋

土鍋煮飯約三年多了，起初雖有點小麻煩，但後來習慣之後，每天都好愛土鍋煮出來的米飯，鬆軟好吃粒粒分明。

相澤工房銅製玉子燒鍋

銅的優點是延展性、導熱性、抗菌性非常好，只要經過幾次養鍋後，就能煎出好吃的玉子燒。它也是能使用一輩子的器物喔！

日本秋田杉便當盒

秋田杉木手感溫潤，是所有便當盒中最喜愛的材質。除了當便當盒也適合外出野餐，打開來直接使用就是野餐墊上的好風景。

倉敷意匠琺瑯便當盒

倉敷意匠的琺瑯盒設計簡約，份量剛好，是我最常使用的便當盒，亦可當作收納盒、野餐用都適合。

野田琺瑯調理盤

野田琺瑯調理盤是廚房的好幫手，耐高溫可進烤箱、蒸鍋、焗烤，也能在料理備菜時分類食材使用。

各式便當包巾，風呂敷

日本的包巾圖案各式各樣，且色彩繽紛，讓孩子拿到便當時也能有好心情。除了便當用以外，也可當餐墊、裝飾布使用。

Food

食

平日和假日的早餐。

忙碌的平日早餐以簡單為主，優閒的假日早餐就能慢慢地花時間製作。

早餐是最重要的，一定要吃喔！

早餐以簡單為原則，盡量不要太複雜的料理。

我們家的早餐一定要吃，而且盡量在家完成。平日因趕著上班上課，大致上料理都不會太複雜，吐司、蛋、牛奶、咖啡（大人）是基本配備，從這當中再作變化，偶爾也會出現台式的早餐；當然水果絕對是最不可缺少的。值得慶幸的是，孩子們都不太挑食，這樣的飲食習慣應該是從小培養出來的。還有，媽媽我收藏的所有器皿全家都可使用，多數人覺得孩子一定會打破，但我認為，從小就要教導他們好好愛惜器物，這是很重要的事。兄妹倆現在已慢慢習慣，知道媽媽愛用哪幾個，也會挑選自己喜歡的來使用。

Favorite products

愉快料理的愛用品

日本各式豬口杯

我非常喜歡豬口杯，因為用途廣且容量剛剛好，孩子喝飲料，大人喝咖啡都可以，拿來當優格杯也非常適合。

職人手工編織竹盤

編織竹盤幾乎是日日都會用到的器物，可用來盛裝野菜、麵包或是瀝乾麵條、直接上桌相當好用。

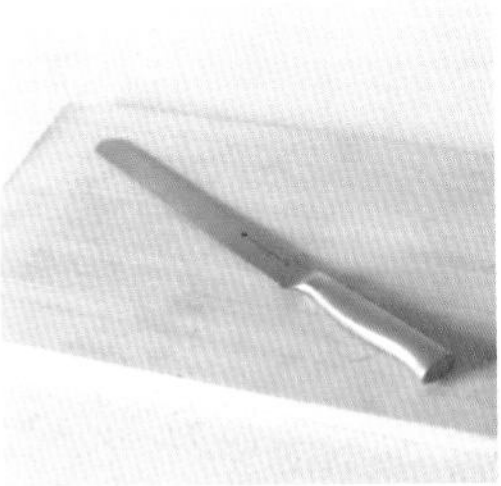

柳宗理不銹鋼有齒麵包刀

輕巧好握，圓齒狀的刀鋒，輕鬆切出平整乾淨的麵包，不易產生麵包屑， IG上面好看的三明治切面，就是靠它所切出來的。

職人作家餐盤

早餐餐盤盡量挑選圓形20公分左右，搭配食材使用，營造出不同的餐桌風景。

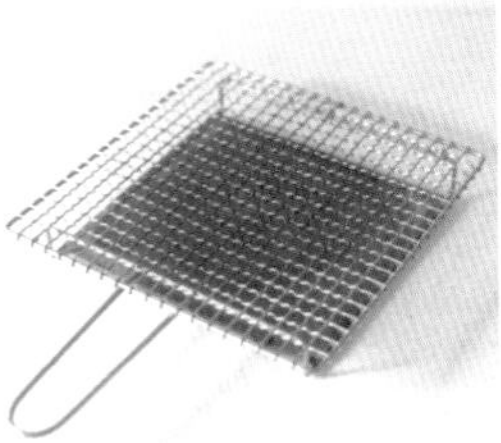

辻和金網附把手雙層烤網

烤網是每天幾乎都會用到，早餐時烤吐司，點心時可加熱烤小點心、魷魚片等。最棒的是它可以用水清洗喔~

TAKAHIRO 咖啡手沖壺

日本職人TAKAHIRO設計的霧黑細口手沖壺，壺嘴寬度設計更窄，比一般的更得心應手，在使用時易於掌握出水量，輕鬆沖出好咖啡。

麵包抹刀

抹刀大概是我最不可抗拒的食器，尤其是木製抹刀，質感溫潤，有的會因為自然木紋產生不同的美。

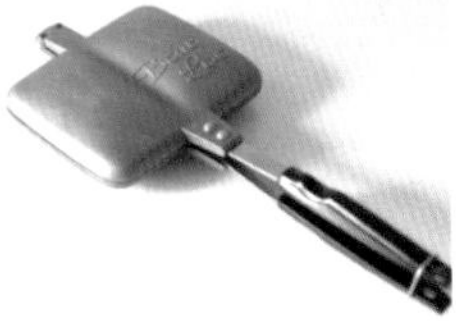

BawLoo 熱壓三明治夾

不管是早餐、下午茶、露營都是很好的料理工具，吐司內所夾的食材可隨自己喜好變化，鋁合金的材質輕巧好收納。

簡單的過年擺設，素雅的色調，再搭配點紅黃色就很有氛圍。

住 Living

在混亂中尋找簡單的生活

家中有兩個孩子的關係，混亂的物品是常有的狀況，我會用箱子或藤編提籃收納，簡單又好移動。

遇見愛用品而打造出屬於自己的生活

對於有兩個孩子的家庭來說，要隨時整齊實在不容易，我和先生都不太限制兄妹倆玩玩具的方式，妹妹愛畫畫，桌上地上隨時有畫筆畫紙，哥哥愛玩車，軌道一直延伸到客廳是常有的事。總在一陣混亂後，我會請他們拿出收納箱，即使懶得分類也沒關係，通通丟進去就好。因為愛買的關係，自己的雜物也不少，其中還包括雜誌書籍、抹布包巾、餐具等。我將野餐用的手編藤籃拿來放置不常用的雜物，裝飾在書櫃上意外的和諧；家裡也常使用MUJI的藤編收納籃，放置抹布跟包巾，整齊好堆疊。只要好好愛惜，這些都是可陪伴你一直用下去的生活器物。

Favorite products

豐富生活的愛用品

野田琺瑯盤和無印收納盒

因家中有四個人，所以小碟子特別多，我習慣用淺型盤和收納盒分類堆疊，找的時候拿下來也很方便。

日本職人草編提籃

草編籃古樸自然，編織密度高，堅固又耐用。皮質的手把好握又好拿，且方便搬動。平時可作為收納物品使用，外出野餐買菜用都很合適。

MUJI 可堆疊藤編收納籃

MUJI此系列收納籃，尺寸多可選擇，也可堆疊。加上簡單的造型，素雅的顏色，不管是使用在廁所、廚房、客廳都好看。

BLOS 手工雙層架

當初是因為露營的關係才購買的雙層架，沒想到擺設在廚房角落也意外合適，放置常用的器皿剛剛好。

便當盒收納

兄妹倆各式尺寸的便當盒，按照材質整齊堆放，常用的幾個盡量放在隨手可取的下層。

日本生活雜誌

設計印刷都很精美的日本雜誌，不但可以讓我參考學習料理，整齊排列在書架上也美化了書櫃的小角落。

大創透明收納盒

非常推薦這款收納盒，大小剛好方便分類，也可堆疊，透明的盒身很容易看到內容物，我都拿來給孩子收納玩具使用。

冰箱琺瑯盒收納

琺瑯盒是我最不可少的用品，大大小小各式尺寸都好，堆疊在冰箱放置常備菜、蔬果，而且味道不殘留好清洗。

file.
06 為每個空間訂定主題，並精選禁得起長久使用且耐看的物品。

Profile.

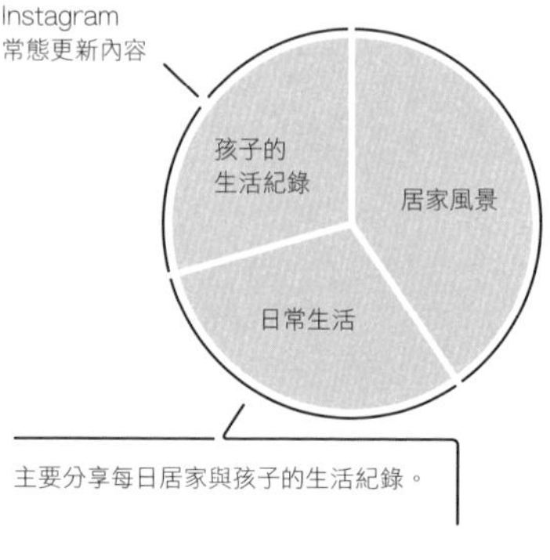

- ☐ **姓名**：MORIGUCHI
- ☐ **Instagram ID**：@ moriguchied
- ☐ **居住地**：兵庫縣
- ☐ **家族成員**：3 人／妻子、兒子（6 個月大）
- ☐ **Instagram 使用資歷**：約 5 年

育有一子的父親與妻子三人共同生活，夫妻倆都很喜歡植物與古道具。一開始是以簡單和清新的生活為理想，分享與生活風格相關的點子及收納技巧，從其 instagram 可參考許多提升生活舒適度的巧思。

物品是否能融入自己的生活理念和形態是重要關鍵

MORIGUCHI一直在腦海中描繪著一個理想的生活藍圖，而結婚是他得以實現如此生活的一個契機。再也不像單身時期抱持著「得用且用」的心態，而是考量在新家能夠用得長久而選購生活用品。「我覺得像我們一樣是雙薪家庭，但也嚮往美好生活的家庭應該很多。一直重複購買便宜的用品將就替換，最後往往浪費時間和金錢卻徒勞無用其實很可惜。生活即使忙碌，我認為選擇單價高一點卻能長久珍惜愛用的物品比較好。」此外，挑選能貼近自己的生活型態的用品也非常重要。

無論餐具或家電，都選擇能匹配家中簡約空間的設計。

挑選物品的原則

RULE 1

不會選擇令我有所遲疑的物品

因為有很多其他類似商品而感到猶豫時，無論幾百、幾千元都令人掙扎，我只會購買一開始就喜歡且絕不會後悔的東西，如此才能真正珍惜且長久使用。我認為秉持這樣的原則反而省了不少錢。

RULE 2

配合空間的主題而選擇色系和材質

購買家飾品時基本上都以能和家中風格搭配的白色和灰色為首選。例如廚房多採用不鏽鋼器具呈現冷冽感；客廳則大量使用木材呈現溫暖柔和的感覺。物品的材質其實也是演繹空間主題的重要角色。

RULE 3

以佔大面積的物品先創造出整體感

地毯或窗簾等我會選用一致的色系或材質。佔大面積的物品一旦明確統一色系或材質，之後要挑選能自然融入該空間的小型家飾品似乎也容易許多。

盡可能不擺設過多物品。留有寬裕的空間，心靈也才能有餘裕。

Food

食

選擇造型簡單、功能性強大的用品

造型簡單、材質優異的餐具們可說是每日餐桌上最活躍的要角，讓每天平淡的用餐畫面也豐富起來。

不妥協於暫時的替代品，而購買真正想要的東西

MORIGUCHI家的廚房予人一種冷冽的整體感。「由於地板選用了混凝土砂漿；冰箱選擇不鏽鋼材質，其他家電和餐具等我也選擇能與這樣的廚房空間自然結合的物件。」

不僅如此，他表示選購自己真心喜愛的物品是能用得長久的祕訣。「好比說，以前的我如果很想要一樣物品，發現有類似、可替代的商品而姑且買下，雖然有時真的能因此而滿足，但常常也會心心念念著『應該豁出去買原先真的想要的啊！』而感到懊悔，最後還是又回頭買下的情況也不在少數。」

favorite products

處處講究的
廚房器具

ASAHI 輕金屬的
真空窄型保鮮盒

盒蓋上的抽氣孔能利用抽氣棒吸除空氣，防止細菌繁殖。也因為是真空狀態，能在短時間讓食材醃入味。

HARIO 的細嘴手沖壺
和 iwaki 的 SNOWTOP
咖啡濾壺組

功能強大，價格卻平實。即使是初試手沖咖啡的人都能沖出香醇好喝的咖啡。

功能與設計都無懈可擊
BALMUDA 的烤箱

這是讓我買了最感到滿意的家電。用它烤出來的麵包和吐司出奇的美味。

BOROSIL 的
VISION GLASS 玻璃杯

對於極簡的設計總是一見傾心。強化玻璃的材質甚至可直接用於爐火和烤箱。

合用於日常飲食的
SAKUZAN DAYS 圓盤

在其充滿都會現代感的設計中透著日本製品特有的溫度。

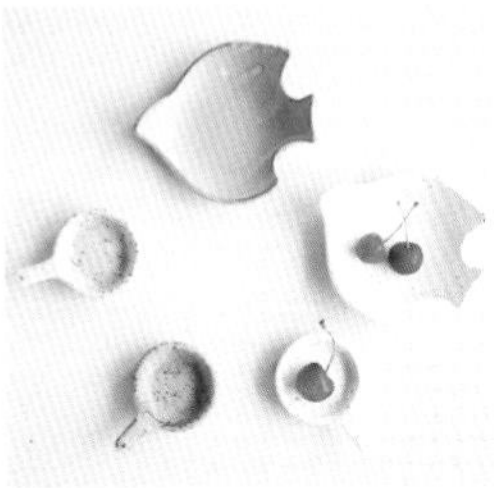

市集裡邂逅的
小碟子

夫婦倆的嗜好便是逛跳蚤市集、陶器市集和生活雜貨鋪，不少餐具都由此而來。

NAPRON
樸素的圍裙

每一件都是手工縫製，當作圍裙或工作服皆宜，不分男女都合適。

掃除用具專賣店
龜之子西尾商店的海綿

素樸的顏色和家中風格很搭。添加了抑制細菌繁殖的銀離子，用來清洗孩子的餐具也安心。

Living

住

舒適宜人的簡約空間

令人感到溫暖的客廳中擺放了木頭家飾和觀葉植物等自然的元素。

我喜歡散發著自然清新感的客廳。刻意地營造宛如咖啡館般的空間。

將家中區分空間區塊，完美地搭配合適的家飾品

我理想的生活風格是「簡單、乾淨」。「在我的家中，若要區分比重的話，客廳及廚房可謂主舞台；臥室及浴室是子舞台；儲物間等同於後台。」在主舞台和子舞台基本上是採『展示性收納』，同時維持著『使用後即清潔』的原則」。謹守這個原則的話，即使臨時有客人造訪也不會手忙腳亂，也能悠閒放鬆地度過閒暇時光。至於近似後台的儲物間便收納當季用不到的家電和有待資源回收或丟棄之物，以及做為暫時放置物品的寬裕空間。「像這樣區分空間，以空間取決放置物品的數量，即使忙碌無暇整理也還能保持輕鬆的心境面對生活。」

Favorite products

打造居家空間的愛用品

Aladdin 煤油暖爐及 GreenFan Mini 風扇

Aladdin的藍焰煤油暖爐外型簡約，光是立著就很有型。BALMUDA的GreenFan Mini風扇吹出來的風柔適怡人，饒富魅力。

古道具店裡發掘的古董椅凳

一見到其色澤就愛上而購入。平常用來放置小家飾或隨手需要用的物品。

散發懷舊感的古董玻璃燒杯

唯有經年累月使用過的物品才能體現出的味道是它最吸引人的地方。我就當作一般的玻璃水壺插些細花束裝飾家中。

反映心情的觀葉植物

植物獲得照料的程度反映了灌溉者當下的心境，如同心情的晴雨計呢。

健榮製藥薄荷油，用在孩子身上也安心

在浴室、或花粉症盛行時期在口罩上噴一下可緩解過敏。因為是天然成分製作的，用在孩子身上也安心。

Flented Mobiles 的魚群吊飾

出自北歐歷史悠久的家飾品牌Mobile。掛在孩子的床頂裝飾，兒子也超喜歡。

Vitra 的 Eames House Bird 小鳥造型裝飾品

將家具設計師Eames放在工作室桌上的裝飾品，為量產的商品。

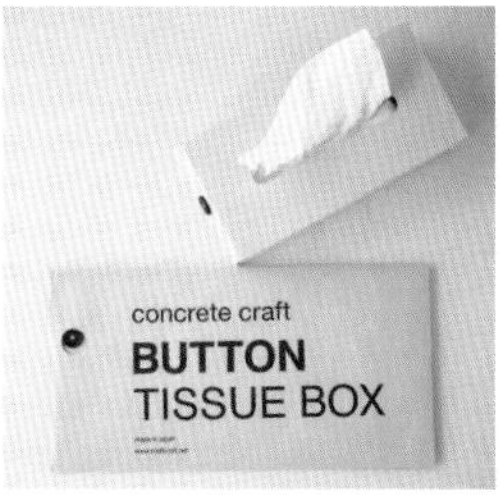

Concrete craft 的 BUTTON TISSUE BOX 鈕釦袋面紙包

特別喜歡它以原色的瓦愣紙加上雙色鈕釦做出造型簡潔、彷彿信封般的設計。

為妻子和孩子創造一個自在放鬆的環境是我最看重的事。

Living

住

營造如咖啡館般跳脫日常的空間

令人感到舒適的家具及生活雜貨選購準則，都是以打造如咖啡館般的空間為目標。

遇見愛用品而打造出屬於自己的生活

MORIGUCHI說：「對我而言，『家』本身也屬於愛用品的範圍。」在打造新家的過程中他無處不講究，從挑選施工廠商、開會討論到完成約耗費四年之久。「我希望建構一個讓家人回到家或是客人造訪時能自在放鬆，深深覺得『我家終究是最棒的！』的地方。營造一個彷彿身在咖啡館般，能夠悠閒度日的家一直是我的目標。」

在挑選家中單品時，instagram似乎是他最常參考的來源。「我平時就會追蹤喜歡的用戶、工藝創作家或雜貨店鋪，只要看到鍾意的物品就會以標籤功能搜尋更多資訊，因此發掘了許多原先未聽聞過的創作者和作品，從中學到不少營造理想生活的點子。」

Charrmy Clear 系列的密封玻璃罐外觀優美且實用，價格也平易近人。

favorite products

豐富生活的愛用品

AXCIS CLASSIC 的
毛巾掛架用來吊掛料理用具

很喜歡它鐵製粗獷的風格中帶點古典感的設計和顏色。

天然的乾燥素材
soil 的珪藻土磚

放在砂糖、鹽等調味料、乾燥食材及咖啡豆裡等，可吸除濕氣易於食材保存。

多用途的
彩色蘋果木箱

做工堅實，隨時間更散發出獨特的味道。分門別類用於收納和放置資源回收物。

mo・o・tone 的
補充瓶

清潔劑和洗髮精等我會倒入全白的補充容器裡再貼上標籤標示，看起來整齊清爽也一目瞭然。

FELLOWES 的
BANKERS BOX 紙箱

瓦楞紙製的收納箱，作為展示性收納排列起來也很時尚。

附把手的
玻璃密封瓶

盛裝液體不會滲漏、臭味也不會揮發出來，日本製品尤其令人放心。最常使用的是1L與2L的尺寸。

優秀的調味料罐
seria 的補充油瓶

輕巧又帶點彈性的材質，除了好用之外，百元商店就買得到，很容易搜集。

用途廣泛又方便的
玻璃罐

不僅能用來保存食材，還可收納一些小型餐具或當成花瓶等，是家中頻繁使用的物品。

Column 2

想一直傳承下去的生活用具

Products for Living

不管是因經年使用而變幻表情的器具；
從珍重的家人繼承而來的物品；
還是想留給下一代的寶貝等，
生活家們的每一樣愛用品，
都有其充滿回憶的小故事。

過往到今後都會一直喜愛、
造型別緻的竹籃

因造型雅致一直很喜愛的竹籃，雖然才用了約四年，仍舊欣賞它隨時間展現的風情。平常用來放置花材或製作花圈的工具等（梢）。

高齡94歲親愛的祖母
留下的縫紉機

這台縫紉機已使用七十年以上了，是住在附近、我最愛的祖母送的。換過新的木頭桌板當作工作桌使用（裕子）。

大小剛剛好的
中式飯碗

能舒適捧起的飯碗讓簡單的餐飯也優雅起來，中式飯碗通常小而美，繪有喜慶的圖案，左邊這只四季平安碗購自香港，是我的寶貝之一（昉小姐）。

註：此部分內容非マイナビ出版社授權也與日文原書版本無涉，為中文版更換的台灣作者及新增內容，特此標註說明！

母親傳承予我、
已有三十年歷史的籐籃

繼承自母親的物品，以前用來放置畫具但最近成為女兒放心愛物品的寶箱，或許也差不多該世代交替了（yuko）？

父親傳承下來
Daum Nancy的花器

已故的父親留下來的Daum Nancy花器，伴隨著許多難忘的回憶，希望也能繼續傳承給孩子們。造型雅緻，創造空間視覺焦點（Osono）。

自婆婆傳承而來、
四十年歷史的器皿

約四十年前婆婆在鹿兒島買的日式風格餐盤如今傳承予我們，因為婆婆的工作關係介紹購入的餐盤，我想我也會長長久久地珍惜愛用下去（miyo1683）。

父母贈送的攀岩吊繩、
吊環及戶外餐具組

這些都是熱愛登山的父母常年仰賴珍視的登山周邊用品。原本就富有歷史，再加上自己的使用希望能更豐富它們的內涵與記憶（tami）。

伊賀燒陶器製作工房
長谷屋的陶鍋

從友人那獲贈的陶鍋可炊煮三杯米量，煮出來的白飯格外晶透美味，好吃的白飯能讓餐點整體的質量提升。因為是每日都得倚賴的器具更想好好長久使用（＊eri＊）。

file.

07

正因是每日著眼的物品，格外追求用具的設計感。

Profile.

Instagram
常態更新內容

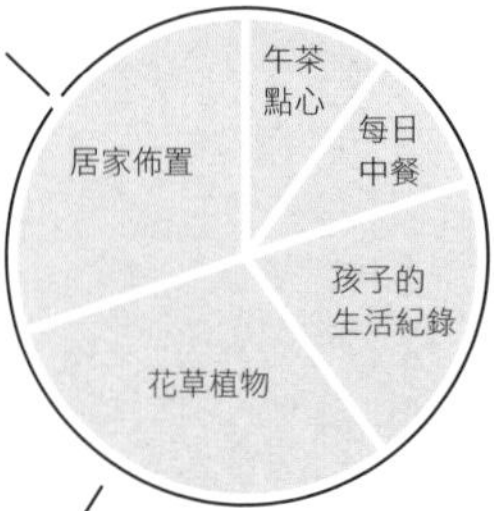

主要分享居家佈置、家中的花草植物和孩子們的日常生活。

☐ **姓名**：梢

☐ Instagram ID：@ koz.t

☐ **居住地**：愛媛縣

☐ **家族成員**：5 人／老公、兒子（9 歲）、女兒（8 歲、3 歲）

☐ Instagram **使用資歷**：3 年

原本就非常喜愛居家裝潢設計與佈置，因為精心挑選的家用品展現絕佳品味而受到關注。常態性依據季節以不同的花草植物裝點家中。

有了舒適的空間，和孩子們的互動也自然增加。

以視覺美感滋養日常生活，只挑選能長久愛用的物品

稍表示自己原本就非常熱衷居家佈置，藉由建構新居的契機令她更進一步對於生活與周遭環境有更深刻的認識與想法。「因為工作便與室內設計相關，再加上開設家飾品店的朋友影響，接收很多資訊和佈置的靈感刺激。因為不想浪費金錢和時間在購買無謂的物品上，我不會盲從流行而衝動購買，而是只選擇久看不膩也耐用的物品。即使價格稍昂貴但品質優異且順手好用的器具反而能用得久，長遠來看其實還比較經濟省錢呢。除此之外，我也很堅持日常生活的所見物品必須要有滋養視覺的美感。」

挑選物品的原則

RULE 1

除非百分之百喜歡，否則不會立即購買

很多東西往往無法立即判斷是否真能長久愛用，除非是當下一見鍾情之物，否則不會在第一時間便購買，會先回家認真思考過後再決定。

RULE 2

為了創造舒適的每日生活，格外重視物品的設計感

針對尤其會展示於外的物品，因為是每天著眼的東西，選購時我很重視設計感。畢竟如果家中放置自己不喜歡的物品，光是看到就造成心理負擔。

RULE 3

認真考慮過是否物有所值才會購入

對於評價高、功能性又優異的用品等，我會衡量定價是否合乎其價值。因為便宜但劣質的物品毫無意義。我會仔細評估該用品是否物有所值並符合預算而購買。

伴隨著展現季節感的花草植物，廚房裡陳列著喜愛的生活用品。

Food

食

每天頻繁使用的優秀廚房用具

擁有設計感、功能性皆優異的廚房用品，辛苦的家事似乎也變得樂趣十足了。

staub 深圓形鑄鐵鍋

只需要極少的調味料就能輕鬆做出美味佳餚，無論何種料理都想使用的出色鍋具。

TAKAHIRO 的手沖咖啡壺

手沖咖啡時的必需品。因為滴注出來的熱水平穩細長，能緩慢滲透咖啡粉充分釋放風味。

DELONGHI 的烤麵包機

晨起時間總是匆忙，為了準備早餐更有效率而買，烤出來的麵包焦脆感恰到好處又好吃。

視野所及之物的設計感格外重要

梢的住家裡四處點綴著華麗的花草植物。「展現季節感的植物於我是不可或缺的家飾品。為了能享受花草裝飾的樂趣，客廳與餐廳盡可能擺設最低限的物品維持簡潔清爽。」因此，她也要求孩子們要將自己的物品歸位房間內，瑣碎的小物收放於天然材質的收納器具如籐籃等，再以布巾覆蓋隱蔽。「尤其客廳的擺設品每天都會看到，我分外重視外觀上的美感，即便置放於外不收起也要能融入室內佈置。我覺得在這樣的物品環繞之下，心靈也能感到豐富充實。」

Living 住

在喜愛之物圍繞下生活

只收集功能與設計令自己滿意的物品，生活自然也愉悅開心。

配色可愛的掃帚與職人手作的購物籐籃

掃帚出自德國REDECKER公司的產品。設計簡約，用多久都百看不厭。

Holmegaard 的 Flora 花瓶

口徑設計特別適合插花的枝條延伸。有不同尺寸，可依據花材分別使用。

岩鑄的香爐靜置的姿態即成幅畫

屬於南部鐵器的香爐，即使不焚香，光置於房間中也很優美。

KITAWORKS 的椅凳

坐起來舒適度超優異！搬移也輕巧方便，高度適中有時也會當作踏腳凳使用。

NORRMADE 的長凳

可多用途使用的長凳。木頭的質感極佳，只作為家具擺設也十分優秀。

Murchison-Hume 的衣物去漬乾洗清新噴霧

香味宜人，由植物提煉成分的成分令人安心，用於家中布織品。

file.

08

挑選喜歡的顏色、材質和創作家創作的食器，沉靜恬適地享用一頓早餐。

Profile.

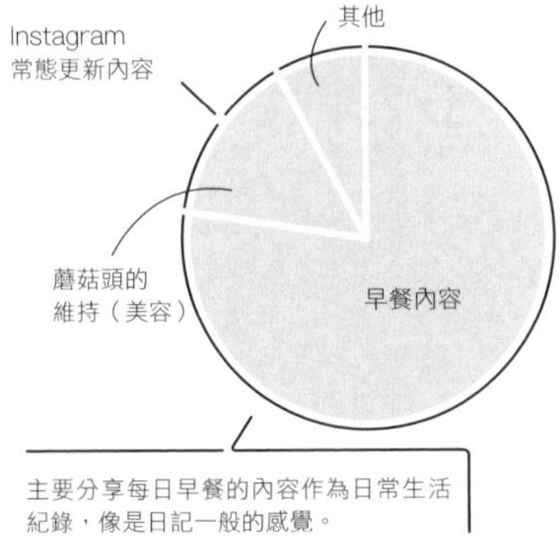

主要分享每日早餐的內容作為日常生活紀錄，像是日記一般的感覺。

☐ **姓名**：ⓐⓚⓘ

☐ **Instagram ID**：@ bread_donuts_me

☐ **居住地**：石川縣

☐ **家族成員**：2 人生活

☐ **Instagram 使用資歷**：2 年

最初崇尚的生活風格啟發讀物是 magazine house 出版的少女雜誌《Olive》。以圓弧可愛的蘑菇頭髮型做為招牌特色。因其平易近人的生活風格而獲得許多追蹤者支持，尤其以令人想仿效實做的早餐最受歡迎。

無論是自己或物品都無須過度裝飾，生活追求舒適度更甚一切

住在公寓的ⓐⓚⓘ，隨著年齡增長，她逐漸覺得生活只需要必需品和讓自己舒心的物品，也因此開始檢視並時時整頓自己的生活環境。「為了避免生活空間變得擁擠，我致力於維持收納的物品量。不僅如此，針對主要的照片拍攝場景─廚房料理台，我希望呈現一致的品味與色系，同時會嚴格挑選即使擺設於外也不顯突兀的可愛用品做展示性收納。」她的座右銘是不過度裝飾自己，在自己的能力範圍內實踐平易近人的生活。為了能自信踏實地度過五十好幾的人生階段，她似乎也更誠實地面對人生所有事物。

廚房用具與餐具的色彩或花色都是經過嚴選的簡約設計品，藉此展現一致的整體感。

挑選物品的原則

RULE 1

選擇只是欣賞或擁有就能讓自己開心之物

我認為能百分百滿足觀感的物品，對於做起家事或是否能長時間愛用都是很重要的因素。若是買了自己不那麼喜歡的物品，就和衣服一樣，使用的頻率自然減低。

RULE 2

符合自己認定「可愛」的標準

對於物品的審美觀本就因人而異，不管其他人覺得多麼可愛、多受歡迎的器物，如果不是出於真心喜歡就不要勉強或跟風帶回家。

RULE 3

喜歡的話便入手用看看

一般或許會建議三思而後行，但如果遇見很喜歡但感到猶豫的東西時，我會聽從內心渴望的聲音果決地買來用用看。但像家具和家電等較高價物品好像也不是那麼容易說買就買呢……

我喜歡混搭北歐風格與沉穩色系的餐具。

外觀無可挑剔、功能性又優異的物品不僅每天、甚至好幾年都會持續愛用。

Food

食

充滿現代設計感的廚房用具

yumiko iihoshi 的 unjour 瓷杯

把手好拿好握。目前用的是最小的「nuit」尺寸，但還想收集其他尺寸。

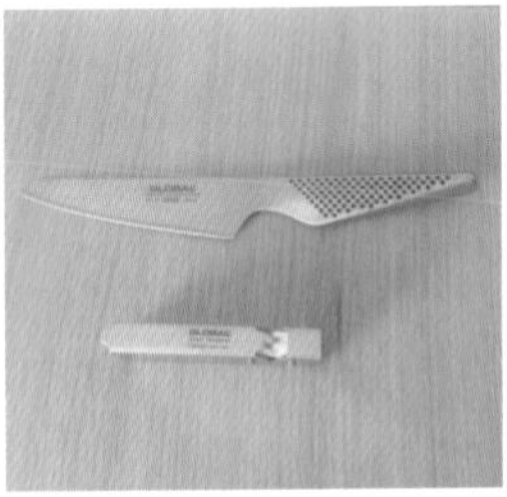

外觀與功能皆滿分的 GLOBAL 小料理刀

從刀刃都手把都是不鏽鋼材質一體成型，沒有清潔不夠徹底的衛生疑慮，外型也很簡潔俐落。

著迷其方格烤紋的手持燒烤網

用辻和金網製的燒烤網（小）烤出來的食物會烙印上小小的格紋太可愛了。

選擇設計簡單的物品，心情也倍感清新愉快

ⓐⓚⓘ說每當要添購新用品時，她傾向選擇使用起來心情愉悅、如果壞了想替換也容易再買到的常態性基本款商品、以及設計簡單平實的物品。「我本來就不愛色彩鮮豔的東西，因此廚房器具多是不鏽鋼或白色琺瑯材質。需要費時間清潔養護的東西也盡可能不買。」她時常參考instagram上追蹤對象分享的照片，若見到喜歡的物品會利用標籤功能搜尋更多資訊做功課。「因為住在相對偏僻的地方，加上自己很懶得出門，比起東奔西走到不同的店探尋，幾乎都還是在網路上購買比較有效率。」

Food

食

考究創作家與材質而購買的料理器具

確認出自己欣賞的創作家和喜歡的材質之後找尋起物品便容易許多，也能營造屬於個人的生活風格。

只想簡便料理時使用的富士琺瑯單手鍋

這個富士琺瑯單手鍋對於想煮個味噌湯等少量料理時非常方便。

對白色情有獨鍾的琺瑯雙耳鍋

我對白色琺瑯特別專情。照片裡是富士琺瑯的鍋子，雖然有點重，但外型極合我意。

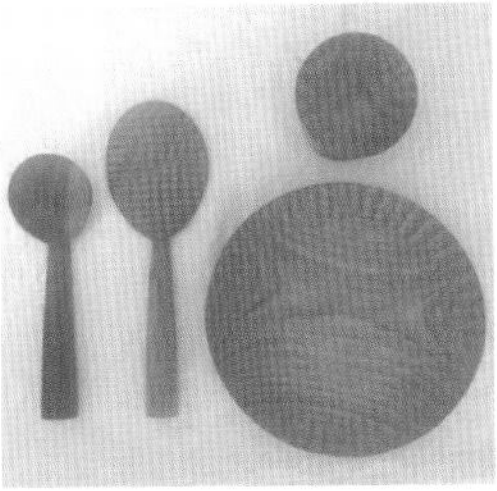

在instagram也很受歡迎、木工創作家宇田正志的作品

光欣賞其木紋色澤與形狀就令人感到心滿意足，希望再多收集幾個。

光擺著就如同藝術品的月兔印細嘴手沖壺

我喜歡琺瑯優秀的導熱效能和它光亮溫潤的感覺。是咖啡時光少不了的一樣器具。

AKOMEYA TOKYO的飯糰模具

只要有這個就可以輕鬆做出漂亮的三角形飯糰，木頭材質散發的清新香氣也很棒。

LONG TRACK FOODS的馬克杯

這個馬克杯是我很愛的造型師岡尾美代子與友人共同經營的熟食店LONG TRACK FOODS的自創商品。

file.

09 養育兩子的生活中，集結自己喜愛和各種手作品宛若咖啡館一般的空間。

Profile.

Instagram
常態更新內容

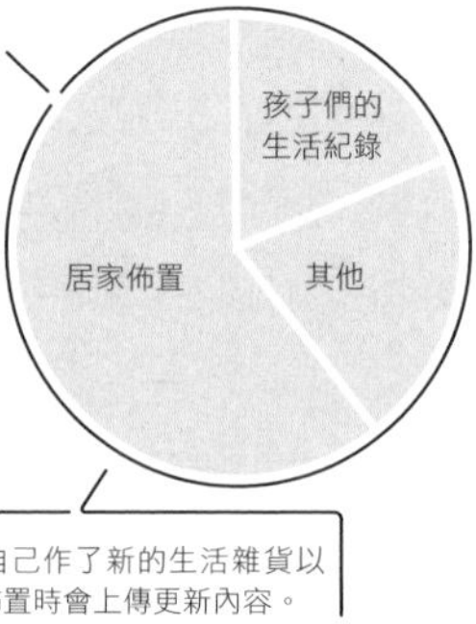

每次添購或自己作了新的生活雜貨以及更動室內佈置時會上傳更新內容。

□ **姓名**：ranran

□ **Instagram ID**：@ tomooo.25

□ **居住地**：大阪市

□ **家族成員**：4 人／老公、雙胞胎兒子（5 歲）

□ **Instagram 使用資歷**：2 年

以運用充滿復古味的雜貨打造出宛如咖啡館的室內佈置而廣受歡迎的 instagramer。夫妻倆都熱衷 DIY，家具除了沙發之外全是自己親手作的，也有販售自己手作的生活雜貨。

養育兩子的同時，徹底實踐非喜勿買的生活哲學

ranran說：「自從生了雙胞胎兒子之後，我便開始認真思考如何能讓孩子們開心地生活。我並不想因為『家中有年幼的孩子，難免弄得到處髒兮兮』為由而無奈放棄理想中的生活樣貌，因此我盡量減低家中物品的用色，並妥善運用隱藏式收納瑣碎物品而營造出如今的居家風格。為了避免家中物品無止盡增多，一方面也很在乎展示於外的物品是否時尚美觀，比起單身時，現在的我在挑選家飾與生活用品時變得更為慎重。」在喜愛的物品圍繞之下，無論家事或是育兒似乎也不以為苦了。

很多人說我家有種「男子漢經營的咖啡館風格」，我想是受老公影響較多吧！

挑選物品的原則

RULE 1

不受限於價格，而是認清物品的品質

我很重視物品的設計、價格和使用起來的順手度。倒不一定認定貴的就是好物或便宜沒好貨，而是堅持沒有碰到自己真心喜歡的物品前不會隨便亂買。

RULE 2

簡單對我而言就是最好的

選擇設計簡單的物品，不僅能讓屋子看起來簡潔清爽，也能和其他東西融合地很好。因此我喜歡挑選相互結合能有協調感的材質、越用越有手感以及運用天然材質製作的物品。

RULE 3

不模仿他人風格，展現個人原創的風格更重要

選購物品時不因其流行或是因為看別人用好像不錯而買，而是著眼於是否展現個人獨有的風格。找不到心目中理想的東西時我就自己動手做。

孩子們的物品基本上都採隱藏式收納。陳列於外的用品則講求設計美感。

運用彷彿咖啡館裡會使用的料理器具和餐盤，感覺時尚的同時料理也更添樂趣。

宛如在咖啡館裡享用餐點

Food 食

史上最好用的柳宗理單手鍋！

導熱性好，傾倒熱湯時鍋中的菜餚依舊能保持完整。即使蓋著鍋蓋煮沸湯汁也不會溢出可見設計用心。

REDDECKER 的水壺鬃刷

用過之後風乾很快，所以不會發霉。尤其喜歡它不傷器具的柔軟鬃毛和堅固耐用。

木頭蓋畫龍點睛的WECK 玻璃罐

附木蓋的設計很時尚。密封性好也很實用，是廚房裡頻繁使用的器具。

收集或親手製作富個人風格的物品

「我認為打造住家環境時塑造原創的個人風格很重要，因此我不太會去參考雜誌或相關設計書籍。但我常看一些國外網站，從中見到一些具獨創品味的居家裝潢範例能給我許多刺激和靈感。」抱持著如此想法的ranran在每次添置生活用品時，似乎以該物品陳列起來是否具美感為選購標準。「我只會挑選真心喜歡、擺放起來禁得起長時間欣賞且耐用的東西。遍尋不著自己喜歡的物品時，也常常自己動手製作。」因為instagram的追蹤粉絲很多也是熱愛手作物品的人，在眾多熱情鼓吹之下也開始在網路上販售夫妻倆自己手作的雜貨用品。

Living 住

展現美好姿態的愛用品

堆砌出我家獨有風格的優秀家飾品們都是我們的愛用品，很多都是在市集或是跳蚤市場挖到、承讓原物主割愛的物品。

只要看到復古物品就想收藏的籐編水壺

在市集裡發掘的玩意。可當作保溫壺使用，會倒入泡好的麥茶等。

愛用二十年的籐籃化作收納用具

原本當作外出的包包，現在常用來作為隱藏式收納放置廚房周邊器具。

羽毛輕柔豐盈 DULTON 的鴕鳥毛撢

DULTON的灰塵撢子非常好用，即使用過後不收起放置於外也顯得時尚。

從朋友得來營養午餐用的大水桶

原先是公家機關或學校用來分配伙食的水桶（照片中架子下方）。我用來作為隱蔽式收納一些瑣碎的家庭用品。

跳蚤市場購入的籐編行李箱

用來收放孩子們的拼圖，是我十分愛惜的物品。可以一整個搬去客廳讓孩子玩相當方便。

Kalita 磨豆機作為擺飾品也好看

這是朋友轉讓給我的復古用具。Kalita的製品造型都很時髦漂亮引人注意。

file.

10 以親手製作的物品為主構築而成，仿咖啡館的室內佈置。

Profile.

Instagram
常態更新內容

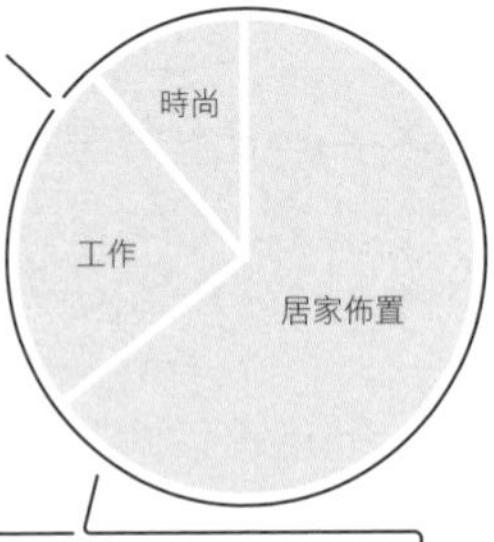

主要分享自家的室內佈置、個人穿搭服飾及手工創作時的紀錄。

□ **姓名**：nego ＊

□ **Instagram ID**：@ chihomi_l

□ **居住地**：和歌山縣

□ **家族成員**：5 人／老公、兒子（16 歲）、女兒（14 歲、11 歲）

□ **Instagram 使用資歷**：3 年

手工藝創作經歷已十三年。個人部落格「蜂蜜色的時光」也在網路上頗富人氣。身為主婦創作團體「TSURUJO」的一員，時常發表作品及參與各項活動，以嶄新富創意的點子和古典風格的作品受到好評。

與居住其中的人一同成長的家

現在的家是承接自老公父母原本的房子，因為原先採光不佳又狹小，nego＊於是決意「透過自己雙手打造一個喜愛的空間！」

她說：「從那之後我便開始講究起生活周遭的一切事物，那時還沒有這麼多愛好手作工藝的女性，但我父親本來就熱衷在星期日做些木工家具，耳濡目染之下，靠自己雙手打造舒適的居家生活對我而言是再自然不過的事。」

除此之外，我總認為無論是家或是家中物品其實都是與居住其中的人一同相伴成長的。「打造住家這件事並非完成式而是永恆的進行式，對於陪伴著家人隨時日點滴變化的小窩和愛用品也更有感情。」

我推薦像這樣將耳環直接吊掛於牆面上的收納方式，既方便又兼具裝飾性。

挑選物品的原則

RULE 1

不以價格為購買的判斷因素

我不會抱持「太貴所以買不起」或是「便宜沒好貨」這等刻板的既定想法，設計是否好看以及是否符合家中風格才是我選擇的原因。即便是精品名牌等再好的奢侈品，如果和家中風格不搭便不會購入。

RULE 2

先思考過置放的位置才購買

挑選物品時我會先具體想像擺在家中何處顯得美，或是和家中既有的物品搭配起來是否協調等。光是見到物品卻還未確定該擺在家中何處之前不會衝動購買。

RULE 3

避免雜亂感而選擇實用之物

因為家中很多收納兼具裝飾性，我會選擇能和諧融入空間整體色調、不過度突兀鮮豔色系的物品。容易感覺凌亂的家庭用品我則採隱蔽式收納，對於什麼樣物品該如何隱藏收納我向來掌握得很好。

這是已就讀小學的女兒房間。以置物櫃作為空間區隔，左邊是讀書寫作業的空間；右邊則是床和遊戲空間。

Living

住

提升空間質感與美感的觀葉植物

利用觀葉植物甚至人造植栽等就足以提升整間屋子的時尚度。

INAZAURUSUYA 的人造吊掛植栽

屋子裡很多是橫向擺放的家具，掛上垂直延伸的綠色植物後便能製造出視覺重點。

無需澆水的人造綠色植栽

在家中隨處擺放著INAZAURUSUYA的人造植栽，稍嫌生活化的空間似乎也變得高級起來。

向朋友購入的多肉植物自行組盆

向朋友購入的多肉植物們與復古風格的室內裝潢尤其搭。

無論愛用品或收納器具，我偏好加入一些玩心與趣味性

對於生活愛用品基本上都採能見式收納的nego＊說：「當收納變成是種裝飾的時候，當你使用物品時，原本被裝飾的空間便會突然顯得空虛，使用完若不歸位就會覺得哪裡不對勁，自然而然就會因為想維持空間美觀而養成物品歸原處的習慣。」隱藏式的收納也是，比起單純蓋上蓋子徹底隱蔽物品，我還是喜歡在收納箱上加些有趣的裝飾。

此外，nego＊挑選生活用品的重點在於是否能為生活增添些許玩心和趣味。「例如黑板，孩子們可以在上頭隨意塗鴉，或是有時在上頭寫下家人各自分配的值日家務等令人樂此不疲。選擇一些不僅能裝飾家裡又能帶來樂趣的東西，似乎也更能樂在生活。」

Living

住

透過嶄新的靈感享受生活

不侷限於物品原先的使用方式，面對所有物品抱持著一顆玩心，生活也變得更精彩豐富。

收放凌亂用具的專業工具箱

很喜歡它帶點懷舊感的氣息。平時用它收納手工藝用的零碎材料及工具。

宛如服裝店一般的陳列佈置

照片裡頭是我家的玄關。將鐵網格架組合起來掛些鞋、帽等，收納兼裝飾。

利用二手衣服改造的牛仔布旗掛飾

向手繪藝術家gami學的，利用已不合穿的童裝做成居家吊飾。

可自由發揮用途的吊掛木框

是我自己手作的裝飾品，用來放置眼鏡、耳環等或是暫時隨手擱置的小物。

牆壁掛上黑板增添玩興

隨時可以輕鬆拭去，依心情變換內容，孩子也能在上頭盡情寫字塗鴉。

拆除櫃子門板，展示性的廚房收納

拆除掉櫃子的門板，各種食材、調味料分別以容器置放，實用也美觀。

file.

11 符合家中氛圍、帶有暖度的生活用具，隨時間推移，令人越加依戀。

Profile.

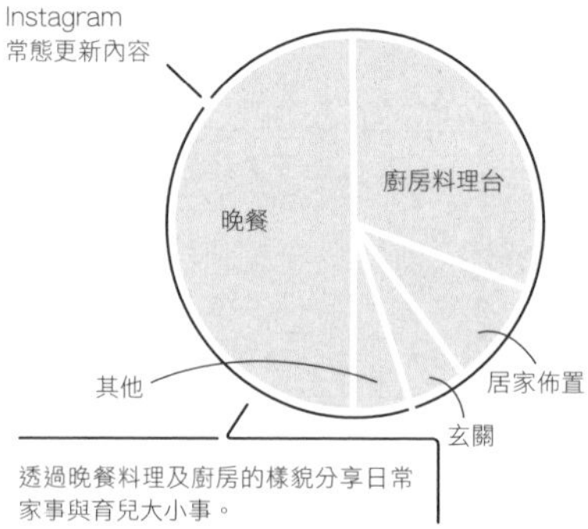

Instagram
常態更新內容
廚房料理台
晚餐
其他
居家佈置
玄關
透過晚餐料理及廚房的樣貌分享日常家事與育兒大小事。

- □ **姓名**：＊ eri ＊
- □ **Instagram ID**：@ erifebruary10
- □ **居住地**：大阪市
- □ **家族成員**：5 人／老公、兩個女兒（7 歲、6 歲）、兒子（3 歲）
- □ **Instagram 使用資歷**：3 年

以打理得乾淨清爽又溫馨的廚房照片獲得追蹤者的欣賞。自從搬到現在的家便致力追求符合住家風格的器物，逐漸開始深刻認識到經典設計品的優點和質感。

經過一番精挑細選的物品，更能品味其好也更有感情

＊eri＊從小就對室內設計和生活雜貨很感興趣。自從搬入屋齡已三十五年但經過翻修的新家之後，她似乎更講究生活中使用的物品。「為了好好利用木頭材質散發的溫暖並建構一個清新舒適的家，我開始覺得應該更慎選家用品，只買自己喜歡、百分之百滿意且符合使用目的的物品。」

像是餐具櫃、鞋櫃甚至桌板等都是向木匠詳細指示尺寸和希望呈現的感覺委託訂製的。「好的物品和精挑細選過的用品，隨著經年累月的使用，更讓人能品味其好且更有感情，藉由它們打造出一個舒適溫馨的空間。」

雖然外觀漂亮很重要，但是否讓生活更輕鬆便利是我的第一考量。

挑選物品的原則

RULE 1

冷靜思考是否有迫切的使用需求

我不會先假設各種狀況以此為由購買物品，因為往往根本用不到而閒置浪費，畢竟真的需要時或許會遇到更好的商品。

RULE 2

實際看到、摸到、確定心意才會選購

因為想好好珍惜物品，若有絲毫猶豫時便不會購買。會猶豫表示物品可能有某處不合意例如太重、形體不符預期等問題，若真的衝動買下往往越看越嫌棄，最終也是轉贈或出售。

RULE 3

確保有地方收納才購入

決定好該物收納的位置或容器且確認合適才會購入。我每個月會大掃除一次，將儲物用具和內容物全部攤放出來篩選取捨。尤其是孩子們的物品我只會維持七分滿。

我傾向選擇質感好、設計簡約的廚房用具。展示性的收納也維持整齊清爽。

從客製化的家具、古道具到流行的外國製品都是我喜歡搜尋的範圍。

重視收納和伴隨孩子們成長的家具

Living 住

點綴餐桌色彩 TRIPP TRAPP 的椅子

鮮豔的椅子為樸素的餐桌增添些許色彩，孩子們分別選了專屬自己的不同顏色。

受木頭色澤和香氣吸引買下的小抽屜櫃

和家中的新品搭配起來協調，又可以整齊收放零碎的小物，令人愛不釋手。

向木工創作家訂製的理想鞋櫃

自己畫了理想中的鞋櫃圖，找了類似風格的照片讓木工師傅參考後客製而來。

為一家三口做飯的廚房，也是家中我最愛的空間

＊eri＊說：「生活環境中我最講究的地方便是廚房。」便於使用的各項用具只維持必需的最低限，她每天都會檢視調整擺放的物品以求達到視覺清爽的平衡感。「採用能振奮心情的東西果然還是生活之必要。當我能樂於家事、心情愉快，自然能營造讓家人放鬆的氛圍，並透過飲食維持家人健康，我認為這非常重要且有直接的關係。」

不僅料理器具，調味料、青菜等所有食材她盡可能選用好的東西。「該花的地方省不得，真要節省的話反而是減少外食的頻率，這基本上是我家的飲食型態。」

Food 食

耐用且看不膩的料理器具

對器具的尺寸、重量、質感、好用度等仔細確認滿意才會購買。我個人偏好素樸的色調。

小鹿田燒、讀谷山燒北窯產製的碗盤都是日常使用的餐具

即便平凡無奇的小菜，放在喜歡的小碟子裡，看上去就變得很美味的樣子。

用起來順手，奧山泉的扁鏟

特別喜歡它一頭是鳥臉的設計。握執時的觸感也很好，每次用時都有幸福感。

色彩優美又萬用的伊賀陶鍋

用這鍋燉煮好料理不需再盛裝到另外的盤子裡，直接端上桌也可以。偶而也會拿它來熬煮果醬。

在京都的展覽會購入的放大版曬衣夾

在京都舉辦的北歐商品展覽會購入的曬衣夾，夾住食譜很好用。

新潟縣燕市的不鏽鋼製牛奶鍋

不鏽鋼製因此瀝水性優，清洗過很快就乾，相當好用。可謂簡單就是好設計的製品。

尺寸夠大又可靠，里山俱樂部的砧板

配合廚房料理台大小委託訂製的砧板。夠大的寬幅切蔬菜時綽綽有餘。

file.

12 彌漫著北歐復古風的家，填滿了一家四口各自的珍愛之物。

Profile.

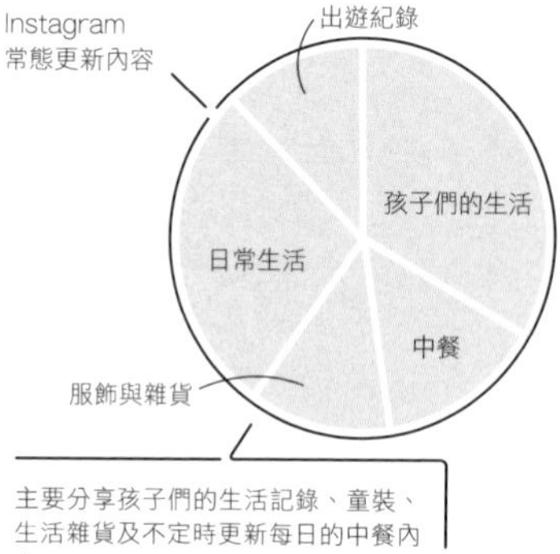

主要分享孩子們的生活記錄、童裝、生活雜貨及不定時更新每日的中餐內容。

☐ **姓名**：_17anco_

☐ **Instagram ID**：@ _17anco_

☐ **居住地**：三重縣

☐ **家族成員**：4 人／老公、女兒（7 歲、5 歲）

☐ **Instagram 使用資歷**：4 年

和老公及兩個女兒所組成、熱愛出遊的四人家庭。時常上傳的童裝與構築出生活風景的雜貨吸引許多目光。和感情很好的姐妹一起的穿搭照也很受歡迎。偶爾也有母女三人的穿搭合照。

因為是我理想的家所以盡情收藏喜愛之物，營造個人獨特風格

_17anco_的家是二〇一五年才蓋的新屋，不管是仿紅磚牆的壁紙還是L型的樓梯等處處可見裝潢巧思。

「我本來就很喜歡生活雜貨，將喜愛之物以自己喜歡的方式收藏擺放而成就了現在家的佈置風貌（笑）。」聽說以前的她喜歡色彩豐富的家飾，但最近似乎傾向偏愛簡約的生活風格。「儘管屋子裡東西不少，但若將類似物品集中收納於一隅的話，還是能保有清爽整齊的感覺。桌上和沙發上一律不堆放任何物品是我家基本的生活準則。對於所謂理想的生活方式，我仍日日摸索追求中。」

家中隨處都點綴了綠色植物。最愛的沙發周圍是全家人習慣聚集的空間。

挑選物品的原則

RULE 1

嚴格確認是否能融入家中佈置

單獨看或許很可愛、擺到家中卻顯得突兀的東西我不會購買。一樣物品是否能隱藏收納，或是即便需隱蔽收納我是否仍想要等，絕對是我購買前會審慎考量的因素。

RULE 2

先問該物品對自己而言是否是必需品

當下很想要，買了卻很快就厭倦嫌棄而不再使用是非常浪費的行徑。徹底思考過是否能長久愛用、不離不棄，唯有滿足此條件的物品我才會帶回家。

RULE 3

善用instagram吸收新店資訊

我覺得因為使用instagram而與興趣相投和喜好類似的人有所連結是很棒的事。可以從上頭獲得新開的店家資訊或是認識到富有品味的選物店也令人開心。如今已是不可或缺的資訊收集來源。

以大小置物架和木箱組合而成的廚房收納，
擺滿了喜歡的餐具和料理用具。

Food 食

順手好用的廚房用具

instagram 上也可見、我喜愛的器具們全都是耐看耐用且方便實用的好物。

有這一物就能烘托料理的頁岩石板

BRUNO的多用途石板盤，擺放蛋糕或麵包等也顯得格外美味，堪稱優秀好物。

喜歡上頭普普風的彩繪圖案 marimekko 的馬克杯

出自我最喜歡的北歐家飾品牌marimekko的馬克杯，讓休憩的時光也更恬適可愛了。

Aladdin 的燒烤、烘焙雙用烤箱

較大的尺寸更為實用。設計簡單可愛，燒烤或烘烤皆可。烤出來的吐司焦脆度恰到好處。

讓想像力馳騁便會遇見美好之物

「17anco」的家以木製家具為主，同時擺設了許多洋派的家飾品。「我很喜歡生活雜貨，有空時常四處逛這類的家飾店。」在這些店裡看到什麼漂亮的物品時她會記在腦海，等到哪天需要什麼用品時，腦中資料庫馬上會浮現符合理想外觀的商品，可說是十分厲害的家飾採購高手。

「雖說隨著家中物品增加，無可避免會顯得凌亂，但我不採取集中收納於一處的方式，而是利用床旁邊或其他處置物櫃分散收納，注意的焦點分散之後，令人介意的雜亂感似乎也就變得不那麼明顯了。」

Living 住 打造居家空間的家飾品

無論收納用具或電風扇等，造型設計漂亮也會大大改變屋子呈現出來的感覺。

造型與功能都超令人滿意的暖爐

TOYOTOMI製的煤油暖爐，擺上這麼一台連二樓都能感受到暖意，功能性與外觀設計都無敵。

立地式空氣循環扇

journal standard furniture的空氣循環扇，其復古外型與家中風格毫不違和。

當作收納器具使用的「RADIO FLYER」拖車

因為造型可愛特殊，直接放在地板上也不影響觀瞻。平時上頭疊放收納書本。

共有九個抽屜、十分方便的置物櫃

這個置物櫃有很多個抽屜，可分門別類收放許多用品，我也因此發揮其極限活用歸納。

可折疊收起的客廳木桌

配合孩子們坐時的高度而量身訂製的桌子，桌腳可折疊，使用起來相當便利。

在男裝店購入的收納籃推車

這個推車籃是在男裝選物店裡購入的，因為附帶輪子搬移時十分輕鬆方便。

file.

13 因為環境對人的影響甚鉅，想為家人構築一個自在的空間。

Profile.

Instagram
常態更新內容

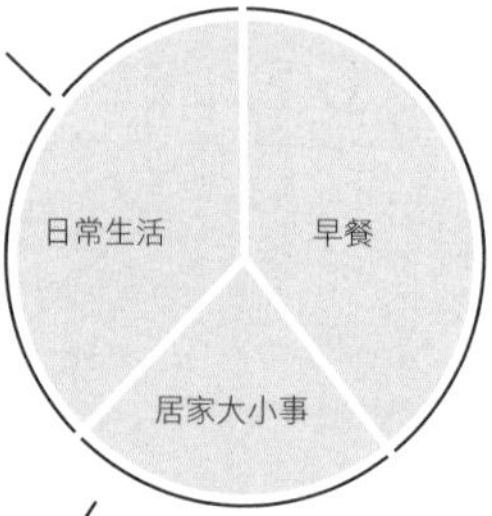

主要分享家中餐點，還有日常生活當中發掘到或覺得感動的事物。

☐ **姓名**：yuko

☐ Instagram ID：@ yuko_casa

☐ **居住地**：神奈川縣

☐ **家族成員**：5人／老公、女兒（7歲）、兒子（5歲、2歲）

☐ Instagram **使用資歷**：1年

和老公及三個孩子組成的溫馨五人家庭。每一天以育兒為中心的同時，也用心追求與實踐自在的生活。家事的空檔中享受最愛的午茶稍作歇憩是一日裡最放鬆的時刻。

因為是長時間待的場域，更想匯集各種喜愛的物品

自從yuko在某個時間點意識到「環境會改變一個人」這點之後，她便以追求怡然自得的生活為目標。廚房裡陳設著時尚現代感的系統廚具和餐桌，是一家人一日之中度過大半時間的地方。「廚房是全家人一起用餐、孩子們讀書寫功課和遊玩的場域，可說是全家的活動中心，因此為了讓大家都可以愉快地使用這個空間，我對一切物品格外考究。」不僅如此，她非常勤於打掃和整理，比如拿出用過的物品立即會歸位，一有髒污馬上擦拭等，每一天結束時務求屋子「回歸於零」的狀態是她認真堅持之事，如此才能讓生活更輕鬆。

映入眼簾療癒的綠色植物是日常生活中不可或缺的存在。

挑選物品的原則

RULE 1

挑選能與現有物品統合的設計

正因是每天著眼、使用的東西，我希望聚集的是能令我心動的物品。即使再小的物品都是室內設計的一部分，添置任何東西之前我都會先考量是否能與現有物品統合。

RULE 2

選擇質感優良、能長久愛用的東西

抱持著「物品老舊＝養護下成長進化」的觀點而傾向購買創作家的手作物品。雖然難免得多花些功夫保養，但我甘之如飴，悉心呵護這些器具的時光也是種生活享受。

RULE 3

比起便利性更在乎感官上的幸福感

好比說我喜歡聽見蓋上蓋子時木頭之間疊合的聲音，勝過只要按壓一下就打開的塑膠容器。像這些細微的感官樂趣都能創造片刻幸福，也和營造舒適生活息息相關。

我很享受在餐桌上佈置些小裝飾品和植物。

（譯註：原先是是農夫自製，方便用來擠牛奶的三腳小凳子。因十七世紀被當時蓬勃發展的製鞋業採用，鞋匠日復一日坐在椅子上製鞋，逐漸形成臀形凹陷，故有一說Shoemaker的名稱及特殊椅面由此而來。）

喜歡的物品都愛用很久，長期悉心照護之下呈現的風貌充滿迷人的魅力。

Living 住

打造自在的住家

愛用十年之久的浴袍洋裝

軟綿綿的材質膚觸極好，洋裝式剪裁穿脫輕鬆，活動起來也很方便。

Werner的「shoemaker」三腳椅（譯註）

極具設計感的造型營造空間的視覺重點。坐下時背部筋骨會自然挺直伸展也是我很喜歡的地方。

用起來舒心的糖果籃

出自井藤昌志的作品。附提把的設計，常常用來放入茶具組，隨人隨處便可享受。

舒適的空間是每日生活的基礎

以富綠意和悠閒寫意的餐桌照片獲得好評的yuko說：「不知不覺中，每天見到和觸及的物品都已理所當然地成為自己人生的一部分。也因為如此，為家人構築一個舒適愜意的空間和整頓住家環境是我的職責。」具體來說，像是製作有益家人身體健康的料理；照料花園；和孩子們一起種植植物和蔬菜等成了她的例行公事。她覺得抱持著寬裕的心境，打理家人的居家環境是很重要的。「對於能擁有眼前幸福的生活，我永遠不會忘記感謝家人和朋友們。在喜歡之物包圍下的空間，安穩踏實地度過每一天夫復何求。」

Food
食

無論再小的物品也講求心思

即使同樣一道料理，變換盛裝的器具看起來就有完全不同的感覺，因此我挑選每一個小碗小碟都有所堅持。

可當托盤或作為盤子，能靈活運用的圓形淺盤

使用枹櫟木做的圓形淺盤，出自川端健夫之手。細緻的雕刻令我深深喜愛。

用途廣泛的砧板

家中用的是小澤賢一、宇田正志等木工創作家的作品。無論上頭放置什麼都形成一幅優美的畫面。

讓煮味噌湯這件事更有趣的味噌壺

出自伊賀的陶藝家城進先生之作。以鐵繪為其作品特色相當具存在感，叫人愛不釋手。

長谷園的炊飯專用陶鍋

煮出來的飯會因為季節和氣候而呈現不同口感，每天打開蓋子時都很令人興奮期待。

大小剛好的萬用竹籃

平常順手放些信件和零碎小物。在生活雜貨店slow slow slow裡購入的。

我最愛的青木浩二器皿

雅緻的色調往往成為餐桌上的焦點。很喜歡它完全以手捏塑出來圓潤且柔和的造型。

file.

14

挑選可經年耐用、耐看的物品，打造出家人們都能感到舒適的空間。

Profile.

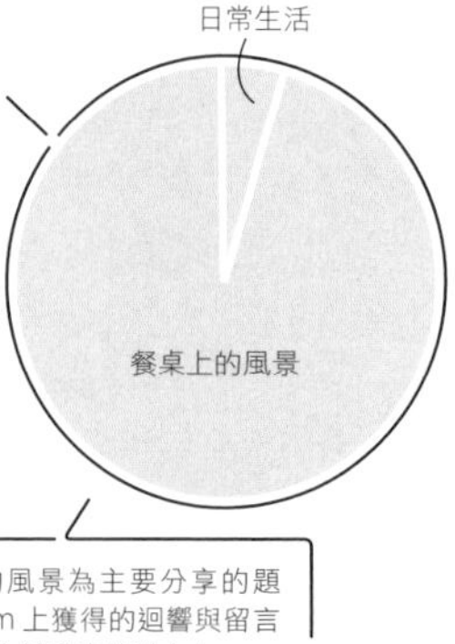

以餐桌周邊的風景為主要分享的題材。Instagram 上獲得的迴響與留言是激勵我更努力於家事的動力！

- ☐ **姓名**：Rrrrriiiii
- ☐ Instagram ID：@ rrrrriiiii
- ☐ **居住地**：神奈川縣
- ☐ **家族成員**：3 人／老公、兒子（0 歲）
- ☐ Instagram **使用資歷**：5 年

和老公、兒子過著恬淡的三人生活。以每天家人們的餐點、便當，邀請朋友到家裡作客時準備的宴客料理等色彩豐富的餐桌風景受到熱烈迴響。偶爾也會上傳料理食譜與大家分享。

餐桌周圍擺滿了眾多我喜歡的器物。

夢想在打從心底感到放鬆的空間中，在心愛之物包圍下生活

Rrrrriiii說自己會開始慎選生活用品是始於發現「在店裡當下購入的很多東西，到最後往往都沒在使用。」

「如今婚後在挑選家中用品時，我的最高準則是先自問『是否是能長久使用的物品？』基本上我會依個人喜好挑選物品，但我同時也在乎是否能藉此試圖創造一個令家人舒適自在的空間。」我的理想是打造一個讓家人們覺得「果然還是待在家裡最放鬆哪！」這樣一個空間。「總有一天能在自己珍愛的物品圍繞下生活是我的終極夢想。」

挑選物品的原則

RULE 1

選物的標準在於是否能長久使用

我堅定認為選擇自己喜歡且滿意的物品才能認真地珍惜用得久。因為工作時常要轉調派駐點的關係，不想要多增加物品，所以我只會選購真正合自己心意的東西。

RULE 2

考量與現有物品搭配的協調性而購物

比如即便是自己喜歡的東西，擺在家裡卻顯得極端突兀就很可惜。為了避免這樣的狀況，每當需要添置新物品時，我盡可能選擇能融入家裡的用品。

RULE 3

選擇設計簡單、百看不膩的物品

從十八歲開始一個人生活其實買了很多物品，深深體會到如今仍留下的還是設計簡單、百看不膩的東西。因此，我也時時提醒自己盡可能選購簡單耐看的用品。

我尤其偏好簡單素樸的器皿，因為無論擺放何種料理都很合適。

Living

住

大型的家具材質格外重要

家具的材質左右了屋子的整體印象，選擇大型家具時我特別重視材質與質感。

ERCOL 的椅子是餐桌旁的最佳配角

無可挑剔的設計！優美的木頭線條，光是擺著彷彿就像件藝術品。

委託訂製的餐桌

兩年前委託木工師傅量身訂製而來的桌子。很喜歡它帶點老舊感的桌板。

unico 的餐具櫃有著優異的收納力！

因為喜歡它結合木頭與不鏽鋼材質而購入，可收納大量餐具讓我免於家事災難。

instagram是我有力的資訊來源

Rrrriiii特別喜歡創作家的手作器皿，她表示要找到精緻可愛的作品是有訣竅的。「像是微妙的質感等，親眼實際確認是一定要的。此外，平時就先搜集資訊做功課也很重要。」據說她都會參考一些部落格或instagram，了解物品實際使用起來的感覺。「即便看到想要的東西時，我不會衝動購買，一定會給自己一些時間冷靜思考是否真的想要。另外，若真有需要一定會先存夠錢再買，決不超出能力範圍而購物。」不僅如此，添置任何新物品之前，她一定會將已用不到的東西淘汰，以求維持一個舒適愜意的空間。

Food 食

偏好洗練的設計

由於餐具每日都會用到，沒有多餘無謂設計又易於使用的單品登場率尤高。

佐藤尚理充滿手作味道的餐盤

一眼見到這個裝西班牙海鮮飯的圓盤就很喜歡，有點髒舊的原始色彩和保留捏塑的痕跡令我喜愛。裝什麼料理皆合適。

吉田次朗與村上直子的器皿

任何料理放上這盤子看起來就很美味的感覺。還想再各添購一組！

青木浩二霧面質感的小碗碟

非常喜歡它的色調，平常用來裝些小菜或醬料，最近倒常用來盛裝兒子的離乳食品。

好用程度令人滿意！iwaki的調味醬料罐

完全不會滴灑液體的優秀產品。外觀設計簡約，數個併排一起感覺仍舊整齊清爽。

根本幸一的器皿令人深深著迷

用來盛裝主菜和配菜。對這樣淡雅的色調有著難以形容的喜愛。

登場率超高的托盤及砧板

加賀雅之、湯山良史、小澤賢一、kinto等的作品都是日常的愛用品。

file.

15

將古董物件融入生活中，綴滿家族回憶與花朵的生活。

Profile.

Instagram
常態更新內容

日常生活

主要分享從愉悅而自由的日常生活擷取下的種種風景。

☐ **姓名**：Osono

☐ Instagram ID：@ boutique_osono

☐ **居住地**：兵庫縣

☐ **家族成員**：4人／老公、兒子（6歲）、女兒（3歲）

☐ Instagram **使用資歷**：3年

熱愛花草植物的她與兩個孩子、老公可謂在鮮花簇擁下生活。自己還經營個人品牌，展示精選的時尚布織單品，從商品之一的復古頭巾在instagram上一曝光立即售罄便可見其受到矚目的程度。

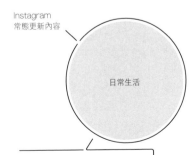

我試著將花草與古董融入居家佈置中。連柱子上都有著俏皮可愛的裝飾。

即使忙於育兒及工作 也堅持在花草與古董環繞下生活

身兼兩個小孩母親與老闆身分的Osono創立了自己的品牌，販售服飾和各種織品配件，材質都經過其精挑細選。由於她從小就在自然環境圍繞下成長，感受到花草之美和強韌的生命力，於是似乎理所當然地習慣運用當季新鮮的花卉做室內佈置。「盡可能勤於幫花瓶換水是能讓花開得久的唯一祕訣。」悉心維持居家佈置不僅能讓自己開心也構築讓全家人享受的空間，屋子裡也隨處可見老公與孩子們各自喜愛的物品，滿足所有家人的嗜好下取得空間的平衡感，我想創造一個讓全家人都能笑著度日的環境。」

挑選物品的原則

RULE 1

針對所有喜歡的店家徹底搜索

因為非常喜歡古董家飾，從我喜歡的店家到網路商店我都會做一番地毯式搜索。當購入物品後，即使是昂貴的器具，我絕不會空擺於架上，會積極頻繁地想方設法物盡其用。

RULE 2

選購新品時先想像與現有物品結合的平衡感

我時常考量家中整體的平衡感，在新與舊的物品當中試圖求取平衡。只要偏重哪一方家裡就會出現一種說不上來的「沉重感」，一旦有這樣的感覺出現我便會動手整頓。

RULE 3

每日會使用的物品一定親眼確認過後才購入

因為常常購買二手的單品，像是餐具和花器等一定都先看過、摸過才會買下。因為光看照片或電腦螢幕無法真的了解觸感和真實色調，唯有確認過滿意才購入的東西才能越用越愛。

裝飾著古董蕾絲及地毯的客廳。

Living

住

讓心情愉悅的小家飾品

室內總是點綴著許多花和綠色植物。在花器裡插些當季的鮮花便能時時刻刻展現出季節感。

在嫁妝專賣店購入的檯燈

在嫁妝專賣店購入、出自倫敦藝術家Committee之手的檯燈，充滿了個人回憶。

boutique osono 聯名合作的生產祝賀小禮

與BUNMI聯名合作祝賀迎接新生兒的偽蛋糕裝飾，拿它來妝點孩子的房間。

可愛的壁掛式花瓶，只是掛著當裝飾也好看

以俏麗的女孩為造型，可懸掛於牆面上。可愛的神情和鮮豔的用色很棒，是我愛用的裝飾品。

掌握並活用每一樣單品的優點

相當喜愛古董物件的Osono家中，老件與新品各占的比例約是6：4。「古董物件讓人對於過去擁有它的主人和他曾使用的歷史有想像空間，這點是全新物品所沒有的魅力。但是，新物品也有其好的地方。從另個角度而言，可以自己賦予其歷史、紀錄生活痕跡。無論老件與新品都各有我欣賞之處而將其納入我的生活空間。」

除此之外，尋找到與自己內心感受契合的店家是減少購物失敗率的一個重點。我最近對日本的傳統工藝品很有興趣，正計劃一樣樣開始搜集豐富家中衣櫃。

Clothing

衣

讓生活更精采美麗的時尚單品

從自己的品牌到高檔的古董衣，不設限地混搭兩者，生活也更自由自在。

可愛到極點的印花罩衫

Thierry Colson是我最愛的品牌之一。雖然有著花俏的印花，但設計剪裁能穿出成熟感是吸引我的特點。

和什麼服裝都能搭配的涼爽編織草帽

從全新品到二手草帽搜集了數頂。我個人偏好先綁一圈頭巾再戴上草帽的多層次搭法。

夏日必備的基本單品！夏威夷風長洋裝

母親二十歲時穿過的洋裝，因為太喜歡了拜託她轉讓給我，到現在夏天依舊是我的必備基本款。

一條頭巾就能營造洗練的個性感

這是出自我的自有品牌boutique osono的頭巾，是我每天不可或缺的必需配件。

Love Binetti 的肩背籐編包

在精品選物店Long Beach購入的籐編包。平常帶小孩出門時最適合背，也可做正式的穿搭。

用喜歡的布料設計製作的自有品牌服飾

boutique osono的所有服裝都是我親自挑選布料再打版設計製作的。

16

唯有清楚認識物件的本質，才能挑選出時尚且質感優異的物品。

Profile.

Instagram
常態更新內容

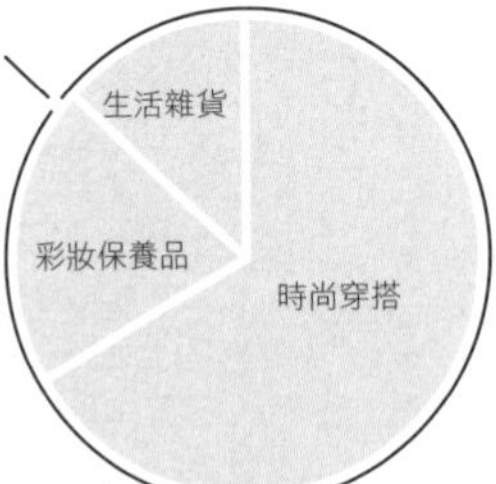

以每日的穿搭到個人使用的彩妝保養品等為分享主題。

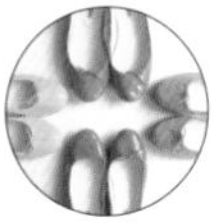

- □ **姓名**：nigogu48
- □ **Instagram ID**：@ nigogu48
- □ **居住地**：非公開
- □ **家族成員**：非公開
- □ **Instagram 使用資歷**：1 年

以高明地混搭精品名牌和平價品牌服飾的穿搭照、彩妝保養品及生活雜貨聚集人氣的instagramer。時常運用鞋子營造照片畫面重點的攝影構圖掀起一陣風潮。

選購物品前更重要的是認識與學習高級物品的本質

nigogu48從小就對時尚服飾很感興趣。據說影響她穿衣哲學的轉捩點應該是高中生時期開始愛上COMME des GARCONS這個品牌。從那之後她便開始研究服裝，「川久保玲教會了我，每當心中有想買的東西時，首先去實際了解一流的製品是件好事。譬如說，當你想買件風衣時，不妨先去以風衣為經典商品的BURBERRY LONDON親眼看看。我認為認識真正質感好的東西之後，當你購買想要的東西時，就有能力鑑識並選擇價格不一定昂貴、質感卻好且能永久使用的物品。」當你摸過高級製品之後，自然就能了解選物的衡量基準，這兩者間息息相關。

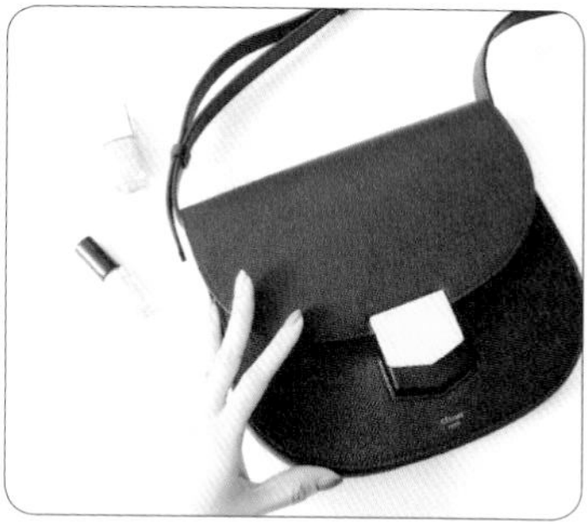

悉心保養的CELINE包包，打算用它到天長地久。

挑選物品的原則

RULE 1

想買東西時先想像一年後的自己

當有想買的東西時，先想像一年後自己的樣子。如果能想像一年後的自己還用著它才購入。這是我避免一時衝動購物和選擇時説服自己的祕訣。

RULE 2

選擇質感好的物品並勤保養才能用得長久

在符合預算範圍內盡可能選擇質感好而能用得久的東西。當然還少不了定期清潔保養才能延長使用壽命。如此一來，可以減少不必要的金錢浪費和家中物品。

RULE 3

即使用了很久也試著持續欣賞其美

在樣樣滿意的物品包圍下生活，我覺得不僅幹勁十足同時也能抑制物欲。而且，每當我挑選任何東西時，我都會先思考它是否能長時間持續讓我心動。

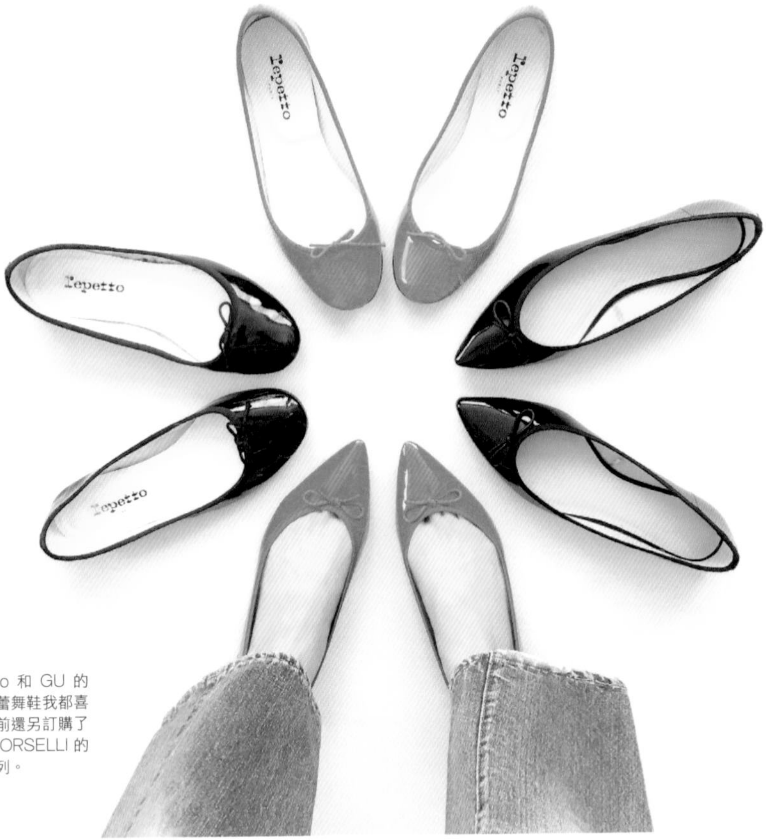

Repetto 和 GU 的平底芭蕾舞鞋我都喜歡。目前還另訂購了一雙 PORSELLI 的加入此列。

Clothing
衣

讓衣服穿得更久的保養用品

用喜歡的器具和用品妥善清潔保養衣物，讓經年穿著的衣物更展現其獨特味道是件令人享受之事。

功能優異的無印良品用品

我十分推薦手邊一定要備有衣櫃專用驅蟲除臭的紅衫木木條以及纖毛除塵撢。

THE LAUNDRESS 的衣物香氛噴霧及平野的衣物專用刷

避免蟲蛀咬和去除毛球，針對冬天衣物我會用毛刷輕輕清潔之後再噴上香氛噴霧。

KIWI 和 SAPHIR 的皮鞋保養用具

為了讓鞋子們穿得久，我還到皮鞋保養工作坊學習了清潔保養的方法，並定期上油抛光。

挑選契合自己價值觀的店家購物

nigogu48說：「雖說現在已是什麼都能上網網購的時代，但除了消耗性的日用品等會重複購買的商品或是店家位處偏遠的服飾之外，我還是會盡可能到實體店面選購。」尤其是打算長久使用的東西和富有設計感的生活雜貨，能實際端詳材質和造型外觀，關乎是否能對該物品百看不厭且持續愛用。「除此之外，如果遇見與自己理念和價值觀契合的店家或是店員，即使在別處也買得到的東西，我還是會忠誠地在這樣的店舖或是向氣味相投的店員購買。」找到信任可靠的購物來源，生活往往也因此而豐富許多。

Clothing 衣

想永遠穿著的服飾配件

從已有二十年之久的牛仔褲到平價品牌的T恤，皆是經過個人精選、深深喜愛的單品。

一生都想繼續穿、充滿歲月痕跡的牛仔褲

裡頭包括了二手古著。可以欣賞隨穿著頻率和時間日漸褪色的色調是牛仔褲所能賦予的樂趣之一。這些都是經過我長時間養褲的成果。

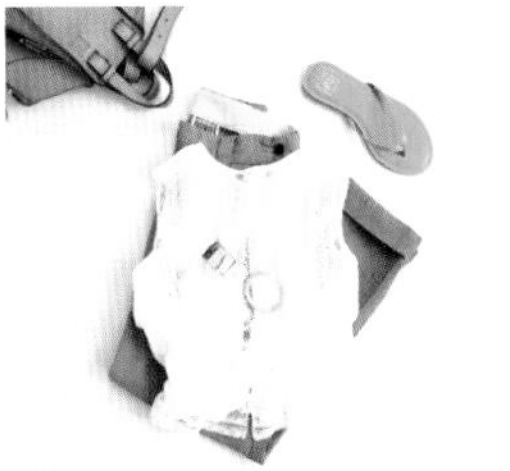

從 nowos 的服飾能感受設計師的熱情與心意

這個品牌服飾不只可愛，店長、設計師和相關工作人員全都是很棒的人。

認真保養下長久愛用的皮革涼鞋

從英國老品牌Church's開始陸續購入了幾雙皮革涼鞋。保養皮鞋對我來說是種享受。

Saint James 的服飾是每日穿搭的必需單品

包括素面的款式一共擁有好幾件。只要有污損便會再買新的汰換，總之不能沒有它。

夏日時尚少不了UNIQLO 的白 T 恤

很喜歡UNIQLO簡單樸素的T恤，即使尺寸有點不合還是買了好幾件。

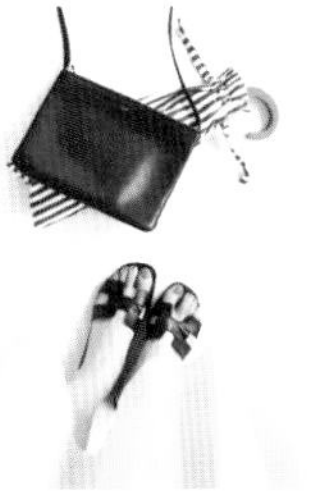

大幅拓展穿搭範圍的長裙

MADISONBLUE的微蓬圓裙，讓原本不喜歡長裙的我也罕見地愛上長裙穿搭了。

File.
17 生活在自己喜愛之物包圍下愉悅的風景裡。

Profile.

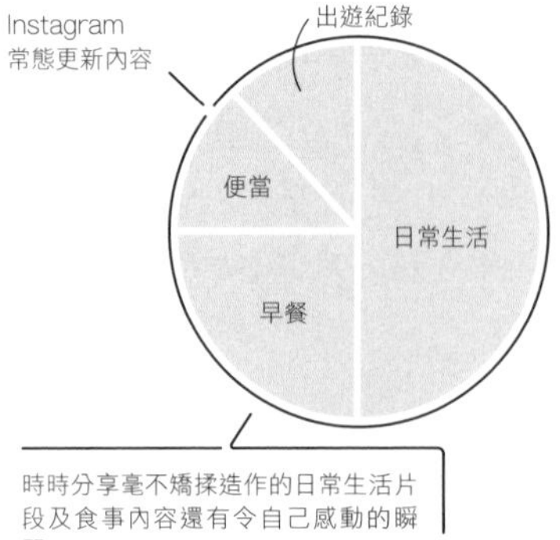

- ☐ **姓名**：Eri
- ☐ **Instagram ID**：@ enmt_eri8
- ☐ **居住地**：大阪
- ☐ **家族成員**：1 人
- ☐ **Instagram 使用資歷**：4 年

上傳內容多半是日常生活中若無其事的恬淡風景。照片充滿了平易近人的生活感，也因其毫不做作的攝影構圖與圖說描述深獲好評。

因為熱愛料理與享受自己作的食物，向來最愛欣賞廚房周圍的景色。

成為樂於生活、充滿能量與魅力之人！選擇能讓你懷抱愛意的物品

Eri表示自她轉職之後，她才開始講究生活周遭的用品。「以前忙於工作，待在家的時間根本不多，直到辭掉上一份工作時，開始覺得應該好好『多花點心思在自己身上』，於是開始整頓生活環境。能樂在生活的人總是活力充沛、很吸引人，而我也想成為那樣散發魅力的人。」每當為家裡添置物品時，她總是會審慎考慮「是否有此必要？以及是否能長久使用？」「看到母親和祖母用到有點磨損但依舊很美的器具，讓我也想好好選擇能隨長年使用散發獨特味道的用品。」

挑選物品的原則

RULE 1

物品是否有令我「心動」的內涵

因為希望每見一樣物品擺設於家裡都能不自禁對它感到讚嘆，我首重其外觀。能讓我第一眼見到覺得心動是讓我購買的重點。最近尤其喜歡靜置姿態就很美的東西。

RULE 2

能否長久懷抱著愛意使用它

購買物品時會先自問「是否一輩子能喜歡與使用它？」能隨著經年使用變化而展現深度和味道的東西很吸引我。因為認識到其使用的歷史而購入的狀況不在少數。

RULE 3

不會因隨意或將就妥協而購買

我發現很多隨當下心情購買的東西到後來因為興趣改變往往就棄置一旁，因此認為錢要花在刀口上，必要的物品即使有點超出能力範圍還是會花。

我喜歡邀請朋友到家中，為大家沖泡咖啡、料理一頓美味的餐點。

Food 食

一輩子愛用的廚房用具

我喜歡料理菜餚並享用成品，因此我對餐具及料理工具有所堅持，只選擇一輩子會愛用之物。

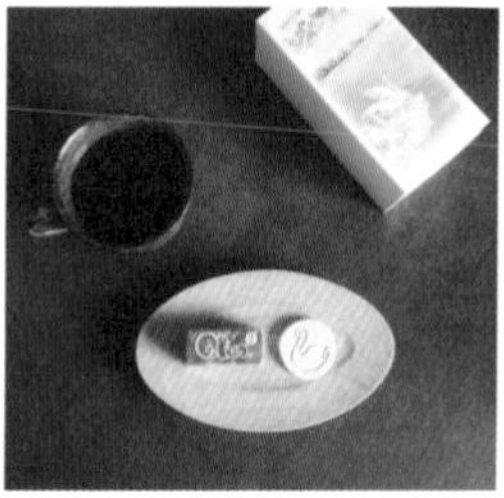

木製用品品牌 cogu 的橢圓型餐盤

工作關係每年都需要出差數次外宿飯店，因為這盤子輕巧好打包，我出差時都會隨身攜帶。

十年以來表現依舊優異的鋁製單手鍋

從老家搬出去開始自己住之後，父母在家庭用品大賣場買送我的老鍋子。

宮本惠的陶盤朋友也讚賞

宮本惠的土耳其藍陶盤無論盛裝何種料理看起來都很時尚有風格。

實際確認視覺、觸感之後嚴選物品

除了料理器具以外，生活用品也是，購買時 Emi 多半會實際去審視、確認手感後才會買。若心目中已預設理想的外觀與材質，她也會一股勁地上網搜尋。「雖然這樣很耗費時間與耐性，但往往能找到符合理想的物品。無論如何，對於想要的物品我都會充分考量過是否能長久使用才買。由於網路上無法真的端詳商品，除非是想盡可能以便宜的價格買到曾經在實體店鋪看過的物品，否則網路只是我用來搜集資訊的工具。」直接到店裡確認才能真的選購到充滿特殊感情且能用得久的東西。

Living 住 想常年使用的生活器具

選物時的標準基本上必須是我「真正想要的東西」。是否能越用越有味道、越有感情是我的考量點。

古董縫紉機桌

這個在古董店購入的桌子是採用古董縫紉機的桌腳另行改造而成的。

永遠相伴的好夥伴熊寶貝娃娃

從十八歲離家之後自己生活就一直與我相伴，如今對我而言仍是少不了的存在。

蠣崎誠的風信子玻璃水瓶

出自玻璃創作家蠣崎誠的作品。在二〇一四年瀨戶內海生活工藝祭看到一見傾心而購入。

LDKWARE 的白色圍裙

我最喜歡白色的圍裙，越用越能實際體會到為家事的付出和努力。

野田琺瑯的附蓋水桶

為了浸泡洗滌衣物或抹布等而購入的。容器本身不會被染色，泡過之後能清楚分辨浮出的髒污

再利用舊的鷹架踏板作成的桌面

將古董縫紉機原先的桌板換成了工地用的鷹架踏板，成了非常上相的餐桌。

File.

18

只精選真正必需的用具，優雅質感由廚房孕育而生。

Profile.

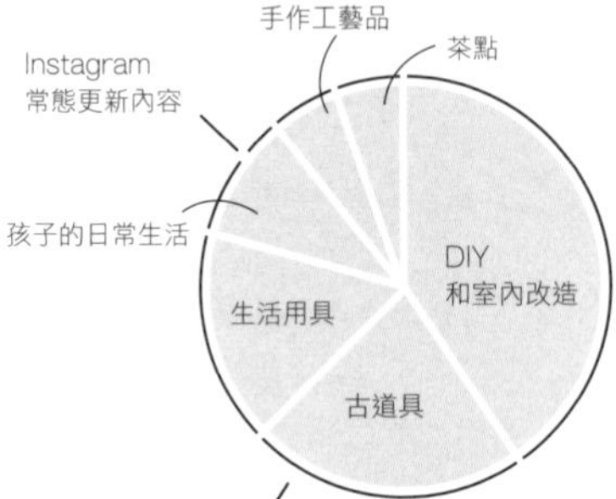

主要分享自己手作的工藝品、家具以及不定期的居家佈置更新。因此增加了很多志同道合的朋友！

- □ **姓名**：miyo1683
- □ **Instagram ID**：@ miyo1683
- □ **居住地**：富山縣
- □ **家族成員**：5 人／老公、女兒（14 歲、7 歲）、兒子（12 歲）
- □ **Instagram 使用資歷**：2 年

與三名孩子和老公一起熱鬧生活。不管是上傳自己親手作的置物架、重新油漆和室內改造、各種手作工藝品、還有帶回充滿年份味道的古道具等照片紀錄都獲得相當熱烈的迴響。

賞玩能長久相伴的古道具之餘，打造怡然自得的生活空間

由於待在家帶小孩的時間很長，「依自己的喜好幫家中做些小改造和更動室內佈置，平時作為家庭主婦累積的壓力好像也煙消雲散呢……」這麼想的miyo1683於是開始樣樣自己動手做，甚至自己修復生活用品及家具。「曾有一段時間我苦於摸索什麼才是適合家裡的東西，但現在已經悠然自得，不會逞能購物了。基本上我喜歡老舊的物件，當然偶爾也會加入全新品。譬如我以鋁製便當盒蓋代替皂碟來擺放肥皂等等之類，當需要某些用品時，盡可能活用家中已有的舊物品。」她永遠都在思考如何構築一個讓心靈安穩平靜、舒適生活的屋子。

廚房周圍都是以自己手作的置物架做「能見式收納」。充滿年份感的餐具櫃則是在古道具店裡購入。

挑選物品的原則

RULE 1

僅此一件的古道具我會好好把握

我選物的場所以回收中古家具店和古道具店為主，也因此許多都是僅此一件、難有機會再遇到的物品。平常我就會對必需的用品有所想像，等到有難得機會尋獲時絕不放過。

RULE 2

除了外觀還會審慎考量實用性再購買

不管一樣物品再怎麼好，如果買回後續的清潔保養等很麻煩我基本上不會選擇。我會挑選能讓我越用越開心的東西，畢竟英雄若無用武之地也毫無意義。

RULE 3

價格當然是考量重點之一

因為家中有三個小孩，未來還會有很多開銷，畢竟以後會發生什麼事誰也無法預料。因此我會認真衡量價格才購入。古道具通常能以合理價格買到這點也省卻不少煩惱。

我家的餐具幾乎都是在古道具店購入的，以日式風格碗盤居多。

置物櫃捨棄拉取式的抽屜而採開放式的收納，每天拿取使用方便，也可以直接欣賞到物品顯露的味道。

Living
愛不釋手的日用品
住

在古道具屋購入厚重紮實的老餐具櫃

這個充滿歲月痕跡的古董餐具櫃是在古道具屋裡購入，我把櫃門拆掉改做能見式收納。

以宛若教具的刷帚代替一般掃帚打掃地板

我用美術系學生時代用來濡濕畫紙用的刷子做為掃帚，這個用途自定的刷帚購於雜貨店。

超市購入的蘋果箱疊放收納

代替置物櫃或當做收納箱，使用率超高的好物，是跟在地的超市以一個200日圓的價格購入。

購買前預想「看起來的感覺」

miyo1683表示「家裡的東西幾乎都是在古道具店裡購入的。」據說購買時她會預先想像一下該物品擺在家裡時呈現的氛圍。「因為販售的店家本來就擅長搭配家飾，在店裡看起來很漂亮的物品，偶爾會出現買回家裡擺設起來與其他家飾不協調的狀況。所以我會在腦海裡預想這樣物品用於何處、擺放在哪裡，確定沒什麼疑慮後才購入。」

此外，她說老公和孩子的眼光也很重要。「有時候他們會挖掘我在店裡沒注意到的好物。我覺得不過度拘泥於原則而選擇家人們覺得好的物品時，東西自然就會漸漸融入屋子裡。」

Food

食

包含手作品的愛用物品

選物時以相看不膩且能久用的古道具為主。同樣材質的物品擺設起來就能有清爽的視覺效果。

杯口外展設計的陶杯飲酒更容易

小女兒為我們夫妻倆挑的陶杯，杯緣厚度較薄就口感覺很好，飲用時不容易灑出。

金屬製深型的烤盤選自餐廳用器具

附蓋的烤盤是餐廳專用的，清洗容易。通常用來放數種已清洗、切塊備用的蔬菜。

非品牌製品的橢圓型竹製便當盒

把剛好份量的食材裝進橢圓型的竹製便當盒裡，即使冷了看起來還是很好吃。

乾掉的白飯用蒸籠蒸過依舊美味

這個蒸籠是二手中古物品。在我家中它的使用率比微波爐還頻繁。

配合用途親手作的木製湯匙

視用途考量過握柄長度、勺面大小等再尋找木材手工製作的。

在木工盛行的本地商店購入的砧板

在本地商店購入的櫸木製切菜板，體積小巧特別適合少量料理的時候。

19 日常用品即是裝飾物，用喜歡的物件創造餐桌與家中的風景。

註：繁體中文版中，P.114 ～ P.121 → Talk Less (@ eira.lee)
此部分內容非マイナビ出版社授權也與日文原書版本無涉，為中文版更換的台灣作者及新增內容，特此標註說明！

Profile.

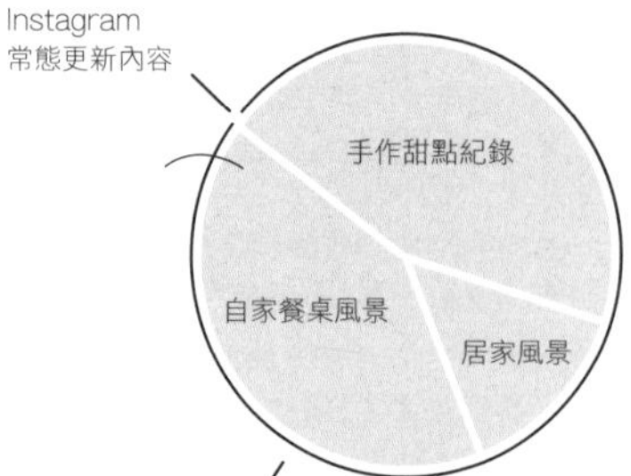

主要分享每日居家與手作料理的生活紀錄。

- ☐ **姓名**：昉小姐
- ☐ **Instagram ID**：@ eira.lee
- ☐ **居住地**：台灣新北市
- ☐ **家族成員**：2 人／男友
- ☐ **Instagram 使用資歷**：約 7 年

與男友共同生活在一間屋齡 20 年的老屋中，藉由精簡物品來創造舒適的空間，從無到有慢慢將屋子妝點成自己喜歡的模樣。週末喜歡在家做早餐與甜點，在 instagram 最常出現的就是我家的餐桌風景。

每樣物品都是因著緣分來到身邊

求學時期換過一間又一間學生宿舍，有時是單人有時是雙人，最擁擠的時候是四人一間，在個人空間被壓縮的情況下很難囤積任何物品，所以養成了挑選絕對必要、自己最喜歡的物件這個習慣，工作以後和男友合租了這間老屋，終於有了足夠的空間，但這個習慣還是延續了下來，現在所擁有的，不管是傢俱、食器還是生活用品，都是自己最喜歡、用得最舒適的。挑選物品時總是抱著相逢是緣分的心態，在剛好的時間買到喜歡的物件時會欣喜不已，但看中的物品沒辦法買到也能抱著一種「啊，那只好再看看了」的心態輕鬆面對，學習別讓自己被物品所侷限，就能舒適健康的過生活。

植物能改變整個空間的氛圍，依循四季擺上不同的花草，家裡的風情也會截然不同。

挑選物品的原則

RULE 1

購買
品質好的單品
並長久地使用

在經濟範圍允許的情況下選購自己最喜歡的那件單品是我購物的原則。與其為了省錢妥協，最後反而忘不了當初的首選而不開心，不如花點時間存錢購買最喜歡的那件單品並長久地使用，為了心愛的物件存錢也能測試自己是不是真心喜愛，那也不錯。

RULE 2

精簡用品與傢俱來放大空間，
就算是面積小的家庭
也能有清爽的居住環境

不喜歡狹小的空間感，家裡的坪數不大的狀況下，我選擇素色、挑高的書櫃與層架來當作主要的收納空間，再搭配細緻的古董櫃與茶几來營造氛圍。每件傢俱都盡量貼著牆擺置好空出走道與空間，這也是能放大居住環境的小訣竅。

RULE 3

善用植物、
輕盈的顏色或材質
來平衡空間感

我家幾件大型傢俱都是木質深色，為了怕整體感覺太厚重會適當搭配玻璃花器、盆栽與白色落地窗簾，自然會有溫暖輕盈的感覺。

Living

食

搜集各種材質
與色系的器皿
來創造豐富的餐桌風景

不同的季節會烹煮不同的料理，依照料理的顏色與特色來挑選所搭配的食器也是一門學問

將料理完美地盛盤是一種藝術。

確認菜色並從食器櫃中挑選合適的器皿盛裝，整個擺盤的過程對我來說是一種享受，看到自己煮的料理因為所搭配的餐具更加美味的樣子也能從中獲得成就感！除了杯盤碗皿，調味品、辛香料與醬料也能讓餐桌與菜餚更加豐富，例如在白菜滷上擱點香菜、咖哩上撒點紅辣椒粉、在剛起鍋的義大利麵上刨點硬質乳酪，就算只是在白米飯上簡單地撒上黑芝麻，也更能讓人產生食欲。

Favorite products

長久累積搜集的美好食器

歐洲老瓷器

在古董店淘到的法國老燉鍋與花邊盤，對它們簡樸的設計與古舊的色澤愛不釋手。

芬蘭 Arabia 杯組

這組繪有大朵花卉的芬蘭Arabia杯組是我一見鍾情的老件，深深著迷於它們大氣而樸質的花紋。

古董食器櫃

在小店中覓得的日本古杉木食器櫃，拉開抽屜可以看見側面被人用書法寫上了「大正六年求之」。喜歡它清晰的木紋與門扇上運用了蝕刻技法的老玻璃。

台灣老餐具

歷經悠久年歲仍然保存良好、熠熠生輝的老餐具十分吸引我。身為台灣人，對這些源於本地的老件有份特殊的感情。

CHABATREE 木製蛋糕檯

CHABATREE的木製蛋糕檯是我的最愛，每個木製品的花紋都不同，很幸運買到紋路美麗鮮明的品項。除了放蛋糕，我也會用這個木檯放麵包。

豆皿

豆皿宜做筷架、宜盛小菜的實用性讓我總忍不住再三添購。每隻豆皿都有自己的模樣，變化性也很強，能輕易依著料理搭配出與眾不同的風情。

橢圓型盤皿

餐具中一定要有幾隻不同尺寸、材質的橢圓盤，模樣修長的它，具有讓料理瞬間變得優雅的魔力。

玻璃器皿

大大小小的玻璃器皿是我經常使用的餐具之一，夏季時使用會使料理具有清涼感。

Living

食

使用起來讓自己感到舒適的廚房道具

廚房道具的順手、順眼度幾乎決定了一道料理的美味與否。

了解自己才有能力選擇好用又耐看的廚房道具。

使用起來順手而耐看的廚房道具決定了料理的美味程度。想想看，如果煎魚的時候手裡握的鏟子不好用，翻魚時稍一遲疑，柔軟的魚身便有可能破碎，但足夠瞭解自己才能有效率地挑選器具，例如自己習慣斜口的鍋鏟還是平口的鍋鏟？挑選料理夾時喜歡木頭的觸感還是不鏽鋼的清潔感？環視自己的廚房環境、瞭解自己的使用習慣與個性後，先考慮適不適合自己，再考慮耐看度，就能成功挑選到能長久使用的廚房道具。

善用牆面的空間來收納零碎的廚房小道具。

Favorite products

打造美味餐桌的幕後功臣

蒸籠

為了節省空間家裡沒有微波爐，需要加熱食物時常用這組兩層小蒸籠，底層的鋁鍋也可以用來煮單人份的湯麵。

小柳產業刮蔥器、公長齋小菅刨絲器與 Microplane 刨刀

刮蔥器能刮出細長的蔥絲、刨絲器可輕鬆將根莖類刨成細與粗兩種尺寸，Microplane刨刀通常用來刨柑橘皮屑或起司。

常用的鍋子

無印良品土鍋用來炊飯煲湯、26cm的Staub大鑄鐵鍋適合燉菜、16cm的Le Creuset小鑄鐵鍋直接當作食器也很合適，再有個Nakao Alumi鋁製片手鍋拿來煮泡麵就足夠了。

琺瑯菜盆

習慣把菜葉類保存在冰箱，根莖類與蕃茄則堆放在琺瑯盆中，五顏六色的非常美麗。

茶道具

比起咖啡更喜歡喝茶，還沒有找到價錢合適又一見鍾情的茶壺，目前都是用這個白釉八角茶盅泡茶喝。現在家裡喝的是大氣（Dachi Tea Co.）出品的茶葉。

陶瓷烤網

比起一般烤箱，可以將麵包烙烤出美麗格紋的陶瓷烤網更得我心。

各種尺寸的琺瑯調理盤

琺瑯不易沾附氣味又可以直接放入烤箱，是廚房裡不可或缺的好幫手。

保存容器

把調味品與香料裝進玻璃保存容器中，整個廚房會看起來會更美觀協調。

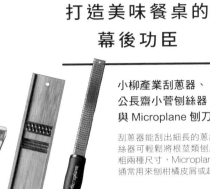

Living

住

努力讓家成爲住得舒適的空間

就算是置物碟這樣的生活小雜貨也悉心挑選，自然就能打造出自己會愛的空間氛圍。

精簡物品與傢俱，空間有了餘裕心情也能跟著輕鬆起來。

選購設計優美，直接展示不突兀的生活用品。

在我家，每件生活用品都同時有裝飾品的功能，大型如收納層架、微小如面紙套或洗衣籃都選擇簡約有設計感的物件來使用，家裡的氛圍就能獲得提升；另外，除了懸掛在牆上的畫作與海報，我基本上不會購買沒有實用性的裝飾品，功能相同的日用品也不會重複購買，物品數量精簡後，空間自然寬裕、令人感到放鬆。擁有的物品不多，但每樣都是自己真心喜愛並經常使用，這就是我選購物品傢俱的基本原則。

favorite products

日日陪伴自己的用品

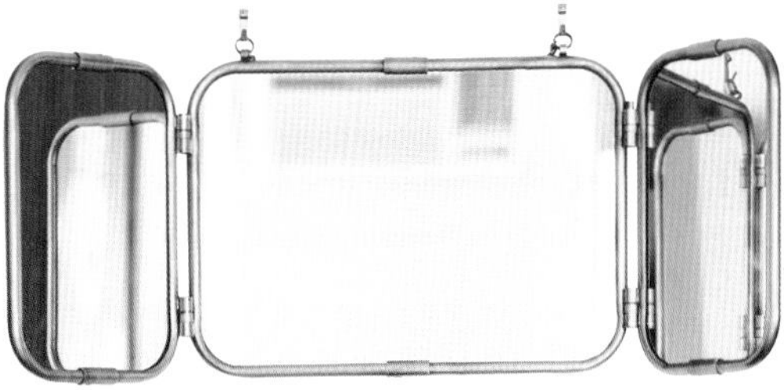

黃銅三面鏡

黃銅包邊的鏡子有種復古的氛圍，三面鏡的設計也很貼心，能輕易看見自己後腦勺的髮型整齊與否。

古玻璃置物碟

很微不足道的東西，但有了它以後再也不用煩惱每天使用的髮夾沒有地方放置。

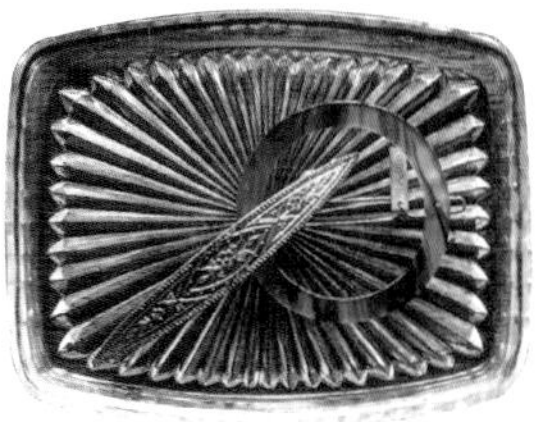

修長的玻璃花器

這個花器其實是義大利麵收納罐，意外地適合用來插柳條或尤加利葉等枝條修長的觀葉植物。

Steepletone York 型唱片機

大學時存錢購買的Steepletone York型唱片機，可以放兩種轉速的黑膠唱片與收聽廣播。習慣邊聽音樂邊打掃家裡，這台音箱就是我的好夥伴。

盆栽

只要有了花草，室內空間的氛圍就會馬上柔和起來。比起去花店購買花材，能長久陪伴自己的室內盆栽植物更加經濟實惠。

無印良品洗衣籃

雖然只是洗衣籃也想要購買簡約好看的款式，就算直接擺在客廳的角落也不突兀。

無印良品胡桃木層架組

覺得自己搜集的每樣杯盤碗皿都非常美麗，所以特別選購了開放式的大層架收納，深色的胡桃木色澤不管搭配什麼顏色都顯得沉穩大方。

古董鍍銀籃架

在咖啡館特賣會中購買的古董鍍銀籃架，典雅的花朵型、霧銀的色澤不管盛裝什麼都很美麗。

File.
20 咖啡與咖哩、服飾和美妝品，每一天都在最愛的物品圍繞下享受生活。

Profile.

Instagram
常態更新內容

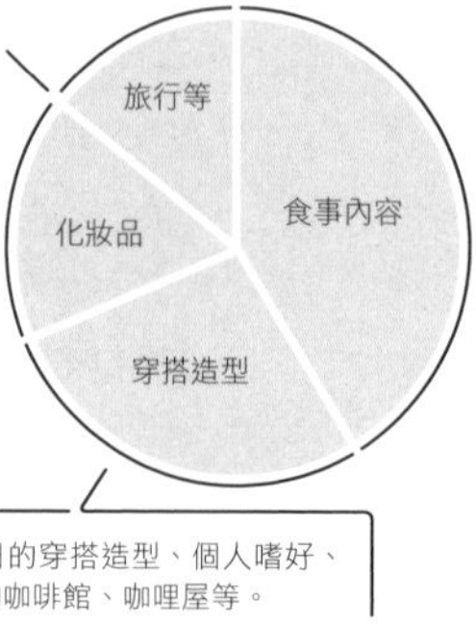

主要分享當日的穿搭造型、個人嗜好、不定時造訪的咖啡館、咖哩屋等。

☐ **姓名**：kiko

☐ Instagram ID：@ _784_

☐ **居住地**：愛知縣

☐ **家族成員**：6 人／祖母、父親、母親、姊姊、哥哥

☐ Instagram **使用資歷**：4 年 6 個月

以個人的穿搭造型、愛用的彩妝品和生活雜貨資訊累積不少人氣的 instagramer。興致勃勃造訪全國各地的咖哩屋和咖啡館紀實也相當受好評。

每一天點滴用心過生活，心靈也會跟著寬裕

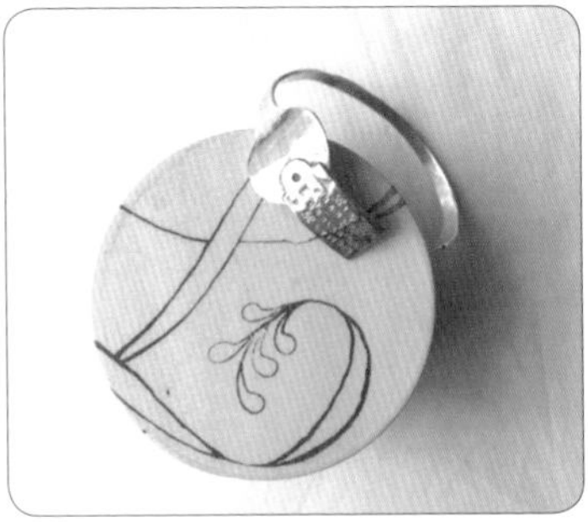

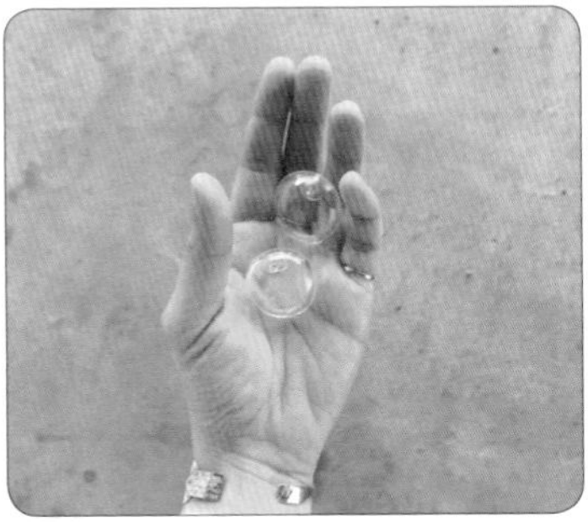

Lin francis d'antan 以湯匙所創作的手環和 SIRI SIRI 玻璃製的耳環深得我心。

和父母、兄姐一同生活的Kiko，她心目中理想的生活是在喜愛之物圍繞下悠然自適地過日子。雖然instagram上發佈的內容主要是關於時尚和她造訪咖哩屋的紀錄，但其生活風格也獲得追蹤者的讚譽。

「在挑選服飾和所有生活用品上我有絕不妥協的堅持。最近覺得充滿花藝的生活樣貌很吸引我，平均一兩個月會做一次季節性採購花材裝飾家裡，每一次採買佈置都讓我的心靈更有餘裕面對生活。我認為每天花點心思過日子和享有舒心的生活有莫大的關係。」

挑選物品的原則

RULE 1

不受流行所限，選擇能長久愛用的物品

我會有意識地 選擇日常生活能長久倚賴的東西。比起每季都購買經濟實惠的物件替換，我寧可選擇能用好幾年的物品。我覺得如此一來每次用時才會更珍愛它。

RULE 2

了解物品背後的由來，選擇有故事的物品

購入任何物品時我會想了解背後的製作過程，例如什麼樣的人創作的、抱持著何種心意製作等故事，我覺得認識物品的背景讓我使用它時更抱持著敬意與珍惜。

RULE 3

無論如何絕不將就妥協，花點時間反覆斟酌

抱持著不確定的感覺選購，往往因為複雜矛盾產生不了感情，導致很少使用。因此，無論如何絕對不要將就妥協，只選擇自己百分之百中意的物品。

首飾一旦氧化泛黑我便會用拭銀布擦拭保養。在人生每個里程碑購入的首飾們於我都有深刻的意義。

為了完善每日生活，對於自己和想要久用的物品施予溫柔悉心的保養不可少。

認眞維護身邊用品
意謂著用心生活

Living
住

能放鬆心情舒眠的身體保養噴霧

Aesop的身體噴霧散發著舒服的草本香氣，就寢前對著枕頭噴一下可以一夜好眠。

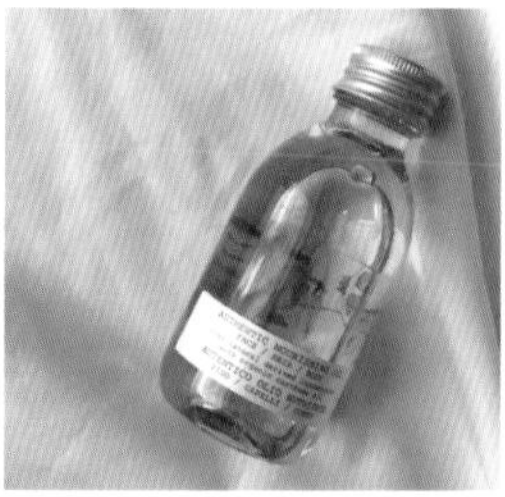

隔天早上賦予頭髮潤澤，天然成分的護髮油

我沐浴時會使用davines的多用途滋潤油保養頭髮，隔天醒來非常好做造型。

皮革保養首選 Tapir 的保養油

使用天然成分提煉製成的Tapir保養油香味宜人，保養鞋子時彷彿同時被療癒。

了解東西背後的故事會對它更加喜愛

kiko喜歡瀏覽自己偏愛的精品選物店網站或是部落格，從中搜尋可愛的單品。「即便是自己還不認識的品牌商品，但因為信任店家的眼光也會購買。在instagram或部落格上可以了解到很多品牌的歷史故事，增長不少見聞。」

此外，了解工匠師傅懷抱著什麼樣心意製作、一樣物品誕生的背景故事之後，會對該物品更抱持敬意。「這不僅對於選購時很重要，購入之後也會特別對該物品有更深刻的感覺呢。挑選一個無可挑剔的物品，是能長久珍惜使用的祕訣。」

Clothing 衣

想一直用下去的最愛之物

雖也講求功能性，但外觀看了是否能讓自己心情愉快也很重要。

Saint James 的橫條紋 T 恤

Saint James萬年不敗的簡單經典設計永遠看不膩，長年以來依舊是我愛用單品。

R.U. 的訂製皮鞋圓弧的楦頭十分可愛

R.U.的綁帶皮鞋是我的第一雙訂製皮鞋。是完整造型的一樣重要主角。

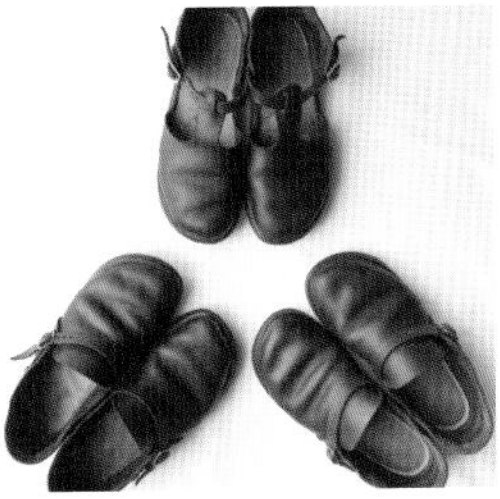

皮革光澤很美的 AURORA 皮鞋

AURORA的皮鞋貼合足部，即使走很久也不會疲累。鞋型設計簡單易於搭配。

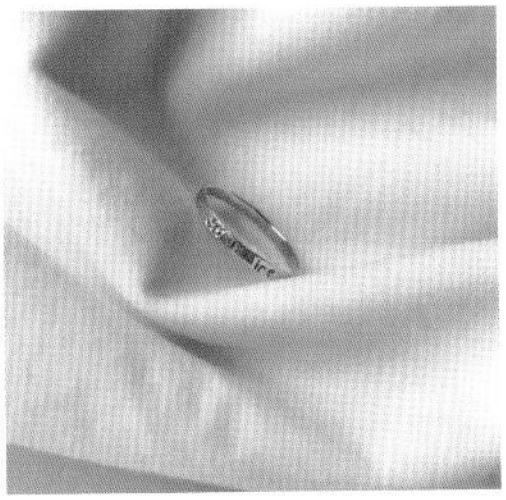

Lin francis d'antan 的銀戒指

紀念二十歲生日時購入的戒指。上頭以法國共和曆法刻製了自己的生日。

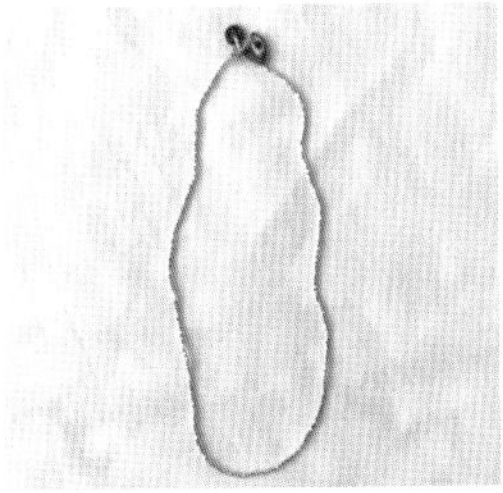

dosa 的銀製串珠項鍊

dosa的銀製串珠項鍊一整天戴著也完全無負擔，散發著優美雅緻的感覺。

剪裁別緻的 goshu 罩衫

同為打版師出身的設計師賢伉儷自創品牌goshu的罩衫，從領子設計、衣長、袖長等所有細節都令我滿意。

玩味各種材質，達人們講究的愛用品

握在手裡時能透過材質感受溫度的物品，能讓人越用越有感情。像這樣能傳達創作者意念的東西，想必也給予生活一些滋養和療癒吧！

谷村丹後的
黑色竹製茶筅

宛如藝術品一般的茶筅，調攪抹茶粉時輕鬆不費力，邀請客人到府作客時會拿出來使用（梢）。

Bamboo
【竹】

竹子的材質輕、耐水性也高，其樸實風味的色調無怪乎受到許多人喜愛。富有彈性而柔韌的質地讓人心靜平穩祥和。

將竹製的野餐籃
當作美化植栽容器

原本買來收納便當盒的野餐籃，因為是二手物品加上使用久了有點老舊，已不適合再拿來收納物品，於是當作美化盆栽的容器（tami）。

在UN CIN Q
購入的花器

無論插上什麼種類的花都顯得雅緻的花器。外觀設計簡單，擺設在任何空間都很協調這一點也很討我喜歡（Osono）。

徹底利用畸零空間的
四方形籐籃

在高速公路休息站購入的非品牌籐籃裡收放了零食、便當盒和水壺等。四方形形體可收放於任何畸零空間，也十分堅固耐用（＊eri＊）。

竹編盒收納餅乾、糖果
等零碎小物

這個竹編的小盒子收納的是容易顯得零亂的餅乾、糖果等孩子們的零食，堅固耐用度也令人滿意（hinaichisaku）。

瀝水功能優異的籐籃，
使用後務必擦拭晾乾

出自門田雅道之手的全鏤空設計籐籃瀝水功能很棒，使用後必須擦拭並懸掛起來風乾（裕子）。

無品牌的黑色竹竿
作為室內曬衣桿

長度夠長很適合作為曬衣桿，放在吊鉤上就可以掛些輕便的衣物，有了這根，洗衣服也不是苦差事了（miyo1683）。

速乾的
IKEA竹砧板

尺寸大小剛好又快乾的竹砧板，價格平實這點更令人欣喜（ranran）。

Linen / Cotton / Wool

【 麻 / 棉 / 羊毛 】

直接接觸肌膚的物品，
達人們傾向選擇棉、
麻等天然材質，
重複清洗使用後
親膚性越佳。

越用越有味道的刺繡手帕

直接接觸肌膚的物品，達人們傾向選擇棉、麻等天然材質，重複清洗使用後親膚性越佳（梢）。

質地柔軟的老布

特別喜歡購買老布，因為不再生產所以每塊布也變相的獨一無二。這塊綠色格紋布紋樣簡單大方，很有60年代的復古感（昉小姐）。

註：此部分內容非マイナビ出版社授權也與日文原書版本無涉，為中文版更換的台灣作者及新增內容，特此標註說明！

法國棉蕾絲是美化沙發的愛用家飾品

用來鋪在沙發或床上的法國棉蕾絲是一八七二年至今的古董老物，非常鍾意它典雅的圖樣（Osono）。

想永遠穿著的 fog linen work服飾

吸汗性佳，越穿著清洗過色調越漂亮的麻質服飾，是家中常態必備的衣物（裕子）。

孩子們也愛、蓬柔軟綿的今治毛巾

今治的毛巾蓬柔軟綿，觸感超舒服。素面的用於洗臉，活潑的格子花色則用於廁所（＊eri＊）。

Leather
【 皮革 】

隨著使用時間越散發
獨特味道的皮革製品，
即便較費保養功夫
也令人喜愛。在此介紹
數樣有著豐富特徵、
變化微妙的達人愛用品。

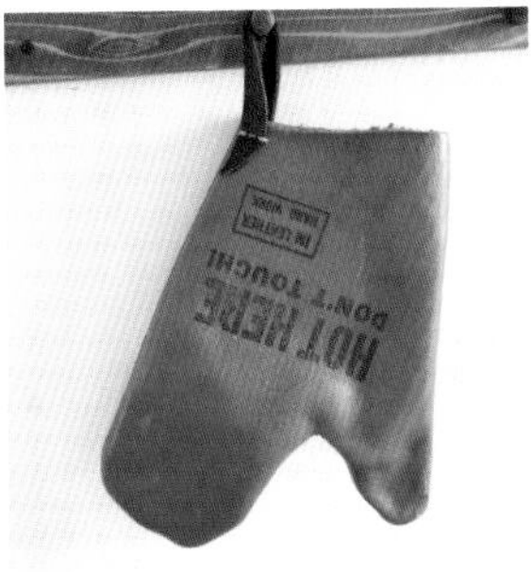

I.M.LEATHER的皮革隔熱手套

在instagram上發現的皮革隔熱手套，特別喜歡它頗富個性的設計。平時用來拿取滾燙的鍋子（裕子）。

皮件專賣店REN的STILL小背包

容量看似小，但可以放入文庫本和皮夾等，對我而言剛剛好。外型很可愛，與何種裝扮風格皆宜（_784__）。

顏色討喜的手作鑰匙包

因為是手作品的關係，充滿手感的染色令我特別喜愛。這個顏色已停產，更讓我想好好珍惜使用它（miyo1683）。

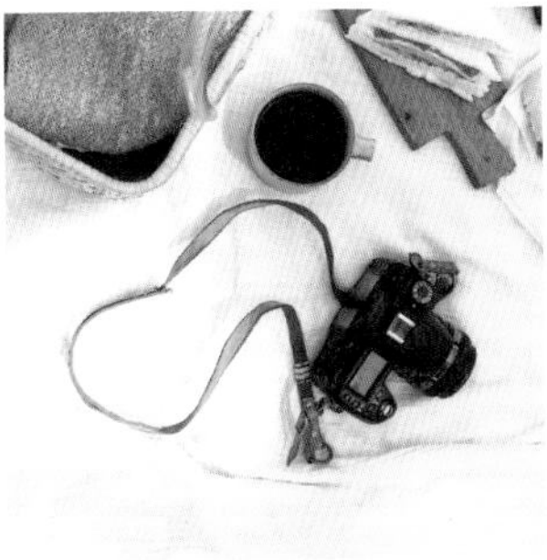

qan：savi的相機背帶

掛在我愛用的Nikon單眼相機上的背帶，使用約三年，皮帶的顏色與光澤已有些改變也更有味道（梢）。

憧憬已久的家飾品牌TRUCK的NAP SOFA1400皮沙發

深度淺、無扶手的設計看起來很簡潔俐落。因為是我嚮往約十年的家飾品牌，入手時喜不自勝（＊eri＊）。

Iron
【鐵】

外觀沉重厚實的
鑄鐵材質頗受歡迎。
導熱性佳、功能優異的
鑄鐵鍋具，
讓人都想擁有一把。

赤川器物製作所的平底鐵鍋

每天都用它來料理不管是蔬菜、肉、蛋等菜餚，煎鬆餅時也能呈現漂亮又恰到好處的微焦感（＊eri＊）。

RIVER LIGHT的煎蛋捲平底鍋

這是我的第一支平底鐵鍋。用這把鍋子可以煎出蓬鬆滑嫩的蛋捲。使用齡約一年（裕子）。

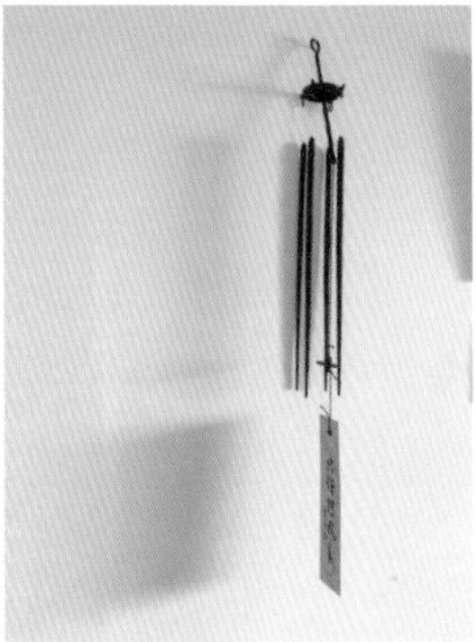

愛用逾十年的明真火箸風鈴

從原以鍛製盔甲著名、已傳承五十二代的明珍本舖購入的風鈴，光聽其清脆的響聲就萌生涼意，是演繹家中夏日風景畫的一角（Osono）。

LODGE的平底煎烤鍋炒菜格外方便

用LODGE的平底煎烤鍋隨便炒個蔬菜等都很美味。外觀造型漂亮，可直接端上餐桌相當省事（梢）。

VitreousEnamel

【 琺瑯 】

因溫潤的光澤、光滑的
表面與散發的復古氣息
大受歡迎。
不會吸附殘留味道
也不會被染色
而廣泛用於各種地方。

野田琺瑯附手把燒水壺予人一種安定感

沉甸甸而穩重的感覺和經過精密工學計算的設計讓倒水時省力又容易。只要用過就離不開它。壺口很大好清洗這點也十分方便（ranran）。

可以炊煮出美味白飯的staub鑄鐵鍋

煮飯專用的staub La Cocotte de GOHAN可以在短時間內炊煮出美味的白飯，是相當優秀一款鍋具。表面以琺瑯加工呈現溫潤的光澤感（梢）。

TRUCK的琺瑯燒水壺

2.3L的容量十分實用。節省不少煮沸熱水的時間和精力。黑色琺瑯即使髒了也不至於太明顯（裕子）。

野田琺瑯的橢圓型洗滌桶

橢圓型於洗水槽周邊也很易於使用。喜歡它多達8L的大容量，多用它來煮沸清洗抹布和毛巾等（＊eri＊）。

古董琺瑯桶用於貯存食材

我用這個琺瑯製的儲物桶保存蔬菜等食材置於廚房。尤其喜歡它外觀帶點粗獷又古典的感覺（tami）。

<日文原文書製作團隊>
攝　影　尾島翔太
設　計　田山円佳（STUDIO DUNK）
原稿協力　田口香代、浦島茂世、松井美樹、肥後晴奈
企劃編輯　宮本貴世（FIG INC）、庄司美穂

註：
繁體中文版中
P.048 ～ P.55 →王哈利（@intiwang）
P.114 ～ P.121 → Talk Less（@ eira.lee）
P.64 大小剛剛好的中式飯碗（昉小姐）
P.128 質地柔軟的老布（昉小姐）
此部分內容非マイナビ出版社授權也與日文原書版本無涉，
為中文版更換的台灣作者及新增內容，特此標註說明！

bon matin 112

戀家日常「愛用品」

作　者　生活倡議編輯部
譯　者　邱喜麗

總編輯　張瑩瑩
副總編輯　蔡麗真
責任編輯　莊麗娜
美術設計　林佩樺
行銷企畫　林麗紅
印務主任　黃禮賢

社　長　郭重興
發行人兼出版總監　曾大福
出　版　野人文化股份有限公司
發　行　遠足文化事業股份有限公司
地址：23141 新北市新店區民權路 108-2 號 9 樓
電話：（02）2218-1417　傳真：（02）8667-1065
電子信箱：service@bookrep.com.tw
網址：www.bookrep.com.tw
郵撥帳號：19504465 遠足文化事業股份有限公司
客服專線：0800-221-029
法律顧問　華洋法律事務所　蘇文生律師
印　製　凱林彩印股份有限公司
初　版　2018 年 6 月

歡迎團體訂購，另有優惠，
請洽業務部：（02）22181417 分機 1124、1135

國家圖書館出版品預行編目(CIP)資料

戀家日常「愛用品」/ 生活倡議編輯部著；邱喜麗譯. -- 初版. -- 新北市：野人文化出版：遠足文化發行, 2018.06

面；　公分. -- (bon matin ; 112)

ISBN 978-986-384-273-6(平裝)

1.家庭佈置 2.日用品業

422.5　　107004054

野人

野人文化
讀者回函卡

感謝您購買《戀家日常「愛用品」》

姓　名　　　　　　　　　　□女 □男　年齡

地　址

電　話　　　　　　　　　　手機

Email

學　歷　□國中(含以下)□高中職　□大專　□研究所以上
職　業　□生產/製造　□金融/商業　□傳播/廣告　□軍警/公務員
□教育/文化　□旅遊/運輸　□醫療/保健　□仲介/服務
□學生　□自由/家管　□其他

◆你從何處知道此書？
□書店　□書訊　□書評　□報紙　□廣播　□電視　□網路
□廣告DM　□親友介紹　□其他

◆您在哪裡買到本書？
□誠品書店　□誠品網路書店　□金石堂書店　□金石堂網路書店
□博客來網路書店　□其他____________

◆你的閱讀習慣：
□親子教養　□文學　□翻譯小說　□日文小說　□華文小說　□藝術設計
□人文社科　□自然科學　□商業理財　□宗教哲學　□心理勵志
□休閒生活（旅遊、瘦身、美容、園藝等）　□手工藝／DIY　□飲食／食譜
□健康養生　□兩性　□圖文書／漫畫　□其他

◆你對本書的評價：（請填代號，1. 非常滿意　2. 滿意　3. 尚可　4. 待改進）
書名____封面設計____版面編排____印刷____內容____
整體評價____

◆希望我們為您增加什麼樣的內容：

◆你對本書的建議：

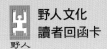

廣　告　回　函
板橋郵政管理局登記證
板橋廣字第143號

郵資已付　免貼郵票

23141
新北市新店區民權路108-2號9樓
野人文化股份有限公司 收

請沿線撕下對折寄回

野人

書名：戀家日常「愛用品」

書號：bon matin 112